江西省教育科学“十四五”规划课题(23YB106)

电路分析基础实验教程

主　编　陶秋香

副主编　杨　焱　涂继亮　叶　蓁

哈尔滨工业大学出版社

内容简介

本书是“电路分析”课程配套实验教材，与电路理论课程结合使用，构成了电路分析课程的完整知识体系。

本书包含三大实验类型，并且介绍了实验所需器件清单及目前常规数字化教学仪器使用说明。三大实验类型分别为验证性实验、设计性实验和仿真实验，涵盖了电路经典原理及其应用，能使学生进一步理解、深化和拓宽已掌握的理论知识，有效地加深对学科体系的认知，更有利于培养学生的团队协作能力、科研能力、独立思考能力及创新意识。

本书可以作为高等院校电子信息工程、通信工程、计算机、网络工程、电子科学与技术、自动化等专业本科生的实验教材。授课老师可以根据自己院校的教学大纲和教学计划，灵活调整授课学时。

图书在版编目（CIP）数据

电路分析基础实验教程／陶秋香主编．— 哈尔滨：
哈尔滨工业大学出版社，2024.6
ISBN 978-7-5767-1441-8

Ⅰ.①电… Ⅱ.①陶… Ⅲ.①电路分析-实验-高等
学校-教材 Ⅳ.①TM133-33

中国国家版本馆 CIP 数据核字（2024）第 100110 号

策划编辑　张凤涛
责任编辑　李长波　周轩毅
装帧设计　博鑫设计
出版发行　哈尔滨工业大学出版社
社　　址　哈尔滨市南岗区复华四道街 10 号　邮编 150006
传　　真　0451-86414749
网　　址　http://hitpress.hit.edu.cn
印　　刷　黑龙江艺德印刷有限责任公司
开　　本　787 mm×1 092 mm　1/16　印张 10.5　字数 220 千字
版　　次　2024 年 6 月第 1 版　2024 年 6 月第 1 次印刷
书　　号　ISBN 978-7-5767-1441-8
定　　价　32.80 元

前　　言

“电路分析基础实验”是一门工程性、专业性很强的专业基础课程，也是培养学生动手能力与创新能力的重要实验。根据工程教育认证对电子信息类专业工程实践能力培养需求，结合教学实践、教学条件及学生实际情况，编者编写了本书。本书力图帮助学生基本掌握常用电子仪器（数字万用表、交流毫伏表、信号源、直流稳压电源、示波器等）的正确使用方法，掌握基本电参数（交/直流电压、交/直流电流、频率、相位差等）的测量方法及技巧，掌握电路的基本测试方法（时域、频域），掌握电子元器件的国家标准系列标识及正确的选择、测试、使用方法，并初步学习电路的设计方法；同时培养学生严肃、认真、端正的实验态度，并帮助学生学习如何写出合格的实验报告（包括对测试结果数据的基本分析和处理）。除上述实验内容外，本书还介绍了一些常用仪器及常用电子元器件，并根据电子科学技术的发展及计算机辅助设计分析电路的应用，编入了用 Multisim 软件进行仿真的基础电路分析实验。

本书以基本原理介绍为主线，以相似功能电路的设计与实现为主要内容，对每个实验的实验原理、实验内容、实验步骤等均进行了详尽的阐述。编写过程力争既能切合学生学习的实际情况，又能结合实验基础和实验条件，使实验内容可以保证学生掌握基本电路原理，掌握电子电路性能参数的调试、测试方法、故障分析排除等基本能力。另外，还兼顾不同的学时数，在实验的数量、内容的难易程度上保留了充分的选择余地，可以满足不同专业实验课时需要，也可以照顾到不同学习水平的学生，方便因人而异、因材施教地选择实验学习内容。并且，借助详细分析具体实用电路在实际应用中的电路指标设定、器件参数选取、功能性能对比分析等工程设计手段，训练并培养学生在电子技术应用领域的实验、实践能力，激发学生的创新意识，从而实现对学生的电子线路领域理论知识到实践能力再到综合专业素质的全面培养，帮助学生在实践学习过程中掌握发现问题、分析问题、解决问题的能力。

本书适合作为电子信息类、电气类及相近专业大学本科、专科学生的电路分析基础实验教材使用，也可作为学生课外科技活动和电子竞赛的参考书籍，还可供有关教师及从事电子技术相关工作的工程技术人员参考。建议授课学时安排如下：针对信息工程类本科专业实验教学独立设课要求，安排 20 个实验学时，其中验证性实验 10 个学时

(共 5 个实验,其中基尔霍夫定律,叠加定理和戴维南定理,正弦交流电路中 R、L、C 元件的性能必选),设计性实验 6 个学时(共 2 个实验,其中一阶网络响应特性的研究必选),Multisim 仿真实验 4 个学时(可配合前两大类实验项目进行选择)。由于实验课时有限,各相关专业可根据本专业实际教学情况,灵活选做上述实验来进行教学。

本教材由南昌航空大学的陶秋香、杨焱、涂继亮、叶蓁共同编写完成,获得了南昌航空大学教材建设基金资助。

感谢信息工程学院电工电子教学实验中心、电子工程系老师的支持与帮助,他们为本书的编写及出版付出了辛勤的劳动,在此一并致以诚挚的谢意。

由于编者的水平有限,书中难免存在缺点与疏漏,敬请各位专家及广大读者批评指正。

编者

2023 年 10 月

目　　录

第1章　电路分析基础实验概论

1.1　概　　述

“电路分析基础实验”是电类专业重要的实践性教学课程，它可以培养学生形成良好的实验素养、掌握基本的实验技能、获得独立操作能力，以及学习应用计算机分析设计电路的方法，为后续课程的电类实验打下良好的基础，同时也可以进一步加深学生对电路理论知识的理解和掌握。

1.1.1　实验的性质和目的

实验是人类认识客观事物的重要手段，很多科学成果都是通过大量探索性实验取得的。在理工类大学里，实验课程与课堂理论教学一样，都是教学中不可缺少的重要环节。实验课程中安排的实验课题，其内容是成熟的，目的是明确的，结果是可预知的，实验过程中有老师的指导，虽然没有探索性实验那样复杂，但是对帮助学生较为系统地获得有关实验的理论知识和培养有关实验的基本技能是十分重要的。

通过对电路实验课程的学习，学生应做到以下几点：

(1)掌握常用电子仪器仪表的性能和使用方法。包括万用表、直流稳压电源、低频信号发生器、晶体管毫伏表及数字示波器的性能和使用方法。

(2)学习并掌握基本的测量方法。包括电流、电压、阻抗的测量，网络伏安特性的测量，网络频率特性的测量，以及网络动态特性的测量。

(3)初步掌握专业实验技能。包括正确选用仪器、仪表，合理制订实验方案，对实验现象的观察和判断，对实验数据的读取和处理，误差分析，实验报告的撰写等。

1.1.2　实验的过程和任务

一般来说，一次完整的实验应包括以下流程：

(1)设计。根据实验目的制订实验方案。

(2)安装调试。创造实验方案设计的实验条件。

(3)观测。包括定性的观察和定量的测量。做实验首先强调观察，集中精力于研究的对象,观察它的现象、它对某一些影响因素的响应、它的变化规律和性质等;同时对研究对象本身的量值和它随外部条件变化的程度等做数量上的测量和分析。

(4)整理和分析。对数据资料进行认真的整理和分析,以求对实验的现象和结果得出正确的理解和认识。

1.1.3 实验的三个阶段

实验课通常分为课前预习、实验操作和撰写实验报告三个阶段。各阶段的要求如下。

(一)课前预习阶段

实验收获的多少及实验是否顺利,在很大程度上取决于学生事先预习、准备的情况。学生实验前应做到:

(1)认真阅读实验指导书,明确实验目的、原理及实验所用测量仪器的使用方法,回答预习思考题。

(2)预习实验操作步骤,明确要测量哪些数据、如何测得。对设计性实验,预习时必须设计实验电路、拟定测试方案和选择测量仪器,考虑实验中可能出现的误差和问题。

(3)写预习报告。预习报告要包含实验名称、实验目的、实验线路图等,对设计性实验还应包含设计计算的主要公式和计算结果的列表说明。另外,还要准备实验记录纸,并列出记录数据的表格;对一些重要的数据,表格中还应包含其估算值,以便实验测量时选择量程和记录时对照。

(二)实验操作阶段

实验操作可分为接线、查线、观测、数据检查与分析几个阶段。

(1)接线。接线前应先熟悉本次实验所用的设备,合理安排位置,以方便接线、查线、观察现象和测量数据。要按一定的次序接线,做到接线认真、仔细。连接仪表时要特别注意量程和极性。电源须在查线无误后方可接入。同一插孔(或接线柱)上的连接导线不要太多(一般不超过 3 根),以防松动或脱落。

(2)查线。按照和接线相同的次序进行查线。先查线路的结构,再查元件的参数、仪表的量程等。经查线无误后,方可接入电源。

(3)观测。接入电源后,不要急于读取和记录数据,应先进行调试,观察出现的各种现象。注意观察仪表的指示及有关量的变化情况,与事先估算的值相比较,若相差很大,则有可能是电路发生故障,须先检查并排除故障。

调试完成后,即可测量数据和观察现象。测量时应合理选择仪表的量程,读取数值时有效数字位数的选择应充分发挥仪表的准确度等级的优势。

(4)数据的检查与分析。观测完毕后不要急于拆除线路,应先对数据进行检查。首先检查数据是否测量完全;其次检查测量点的间隔选择是否合适(在曲线的平滑部分可少测几点,而在曲线的弯曲部分要多测几点);然后检查测量所得数据与事先估算的数据是否相符,如果相差很大,则应检查估算值,重新进行实验排除可能出现的故障(在教学实验中出现上述现象可能存在的故障有仪器或线路故障、测试方法错误、测试点错误、读数错误等),并如实记录两次实验的结果,为事后分析讨论做准备;最后自查完毕,将实验记录交给指导老师检查,经指导老师认可签字后方可结束实验。

实验完毕后应在实验记录纸上记下实验所用设备的名称、规格和编号,以备核查。

离开实验室前,应拆除实验线路,将仪器设备放回原位,并且填写仪器使用记录卡。

(三)撰写实验报告阶段

在实验操作阶段完成了定性的观察和定量的测量、取得资料数据后,实验并未结束。实验的重要一环是对数据资料进行认真的整理和分析,且应撰写实验报告。

实验报告是在实验的预习报告的基础上完成的,在实验的预习报告的基础上还应增加以下内容:

(1)实验所用设备的名称、规格、编号和数量。

(2)将实验记录数据重新抄列,表中还须列出由实验数据计算出的数值,并列出计算中主要使用的计算公式。

(3)根据实验测得及计算得到的数据绘制曲线,以便从曲线中清晰地看出各物理量之间的关系和发展趋势。

(4)讨论与分析。对实验结果进行充分分析后得出实验结论,进行误差分析,对实验中出现的各种现象进行解释,提出自己的见解,说明心得体会、改进意见及遗留问题。

(5)回答问题。回答实验指导书中提出的或老师指定的问题。

1.2　实验的基本知识

1.2.1　实验的分类

(一)验证性实验

验证性实验是为巩固理论课程基本知识而开设的注重实验结果而非实验过程的实

验。验证性实验有利于培养学生的实验操作、数据处理和计算技能,加深学生对相关理论知识的理解。

（二）综合性实验

综合性实验是实验内容涉及相关的综合知识或运用综合知识的实验方法、实验手段,对学生的知识、能力、素质进行综合培养的实验。其目的在于通过实验内容、方法、手段的综合,培养学生综合考虑问题的思维方式,以及运用综合的方法和手段分析问题、解决问题的能力,以达到能力和素质的综合培养与提高。

（三）设计性实验

设计性实验是指给定实验目的和实验条件,由学生自行设计实验方案、选择实验教材、拟定实验程序并加以实现的实验。由于设计性实验方法的多样性,不同的学生可以通过不同的途径和方法达到相同的实验目的。在实验过程中,学生的独立思维、才智、个性得到充分发挥,可培养学生的综合设计能力,激发学生的主动性、创造性,提高学生的认知能力、组织能力和独立获取知识的能力。

（四）创新性实验

在创新性实验中,学生根据自己的兴趣和探索方向来选择(或由教师给出)实验项目,内容涉及本课程内外的知识点,包括多项实验操作技能的实验。学生选定实验项目后,需预先查阅资料,并制订和提交实验方案,选择实验仪器和元器件,在指导老师审阅批准后进行实验,实验报告以小论文形式给出。

创新性实验的目的是提升学生的想象力和创造力,让学生在掌握新技术的过程中得到科学的训练。

1.2.2　电工仪器、仪表设备

（一）仪器、仪表设备的选用

实验前,应根据实验内容、实验目的和实验要求,正确、合理地选用实验用仪器、仪表设备。选用方法可用 4 个字来总结:类,级,量,内。

(1)类。

“类”指根据被测量的性质及测量对象的数值特点选择仪器设备的类型。如不能将直流仪表用于测量交流电量等。

(2)级。

“级”指选择仪表的准确度等级。

仪表准确度等级有 0. 1、0. 2、0. 5、1. 0、1. 5、2. 5 和 5. 0 共 7 级。其中 0. 1 级和 0. 2 级常用作标准表或进行精确测量;0. 5~1. 5 级仪表常用作实验室的一般测量;1. 5~5. 0 级仪表常用作安装仪表或进行工业测量。

(3)量。

“量”指选择仪表的量程及设备的额定容量值。

对于仪表应合理选择量程,再进行测量。量程太小易烧表或“打表”,量程太大则测量结果误差大。一般的工程测量中,量程应选择所估被测量最大值的 1.2~1.5 倍,指针式仪表表针指示值应尽可能不低于满偏读数的 1/2。对于功率表,应特别注意被测量的电压和电流都不允许超过表的量程。对于示波器,应注意衰减器的挡位,最大信号电压不能超过测试端的最大允许值。如果不知道应选择的量程,则应按先大(粗测)后小(细测)的原则选择仪表的量程。

一般设备的铭牌上标有容量、参数及额定电压、电流等。设备和器件只有在额定条件下才能正常工作,使用中绝对不允许实际值超过额定值,否则设备和器件将损坏。

(4)内。

“内”指选择设备的内阻。

对于直流稳压电源、稳压电流源等设备,一般认为前者内阻为零,后者内阻为无穷大,即分别作为理想电压源和电流源看待;但对信号发生器等其他电源设备,必须考虑其内阻。在使用有内阻的电源设备时,负载如需获得最大功率,则必须考虑阻抗匹配问题。

(二)仪器、仪表设备的使用

(1)使用或操作仪器设备之前,要仔细阅读使用说明书,了解仪器设备的表面标记铭牌参数及各端钮的功能,掌握其操作方法。

(2)将仪器设备的开关、旋钮调至实验要求的状态。

(3)恰当地选择仪表量程。

(4)实验时,设备布局应合理,布局原则是安全、方便、整齐,防止设备间相互影响。

(三)用电安全

(1)接通电源前,要保证各直流电源、交流调压器、信号发生器的输出起始位置在零位,电路中可调的限流、限压装置放在使电路中电流最小的位置。

(2)接通电源时应先闭合实验台主开关,再打开实验台上各种电源及电子仪器的开关。实验结束断电时操作顺序则应与接通电源时的顺序相反。

(3)接通电源后,要缓慢增大电压或电流,同时要注意观仪表显示是否正常、是否超量程,电路有无异常声响、冒烟、刺鼻气味等异常现象;若有异常现象应立即切断电源并保护现场,检查故障出现的原因。

(4)据统计,交流电在 60 V 以上,人触及后就可能发生致命危险。电路实验室交流电源电压为 380 V、220 V 及 180 V,因此实验时必须注意人身安全,不要带电连接、更改或拆除线路,在测量时也不能用手触及带电部分。

1.2.3 合理布局与正确连线

(1)实验设备布局要合理、恰当、便于测量。导线长短应合适,避免导线间相互缠绕。仪表应与磁性元件之间保持一定距离,以免磁场影响测量数据。

(2)按照实验线路图接线,从电源一端开始,先接主回路,再接辅助回路。接线柱要适当拧紧,既不能轻易松脱,也不能过紧以致无法拆卸。同一接线柱上不宜有超过 3 个接头。

(3)电源正、负极(或相、地线)的引出最好用红色、黑色导线加以区分。

(4)线路连接后要仔细复查,接通电源前要排除错误连线。

1.3 测量误差与实验数据处理

误差、有效数字等概念在物理实验中已经有过介绍。这里仅简单归纳误差产生的原因,重点讲述减小或消除误差的方法和实验数据的图示处理方法。

1.3.1 误差的性质和分类

根据误差的性质和产生的原因可将其分成系统误差、随机误差和过失误差。

(1)系统误差。

在测量过程中,如果测量数据的误差具有恒定的或遵循某一规律而变化的性质,则称其为系统误差。

(2)随机误差。

在相同的条件下对同一物理量进行多次重复测量时其值具有随机特性的误差称为随机误差(又称偶然误差)。

(3)过失误差。

过失误差又称粗差,它是因仪器故障、测量者操作读数/计算/记录错误或存在不能接受的干扰导致的误差。过失误差通常很大,明显超过正常条件下的系统误差或随机误差。

1.3.2 减小或消除测量误差的方法

根据误差的性质和产生的原因,可采取不同的方法来减小或消除其对结果的影响。

随机误差服从正态分布的统计规律,影响测量的精密度。通常情况下随机误差较小,可忽略;在不可忽略时,应采用重复测量多次取其平均值的方法来减小其对测量结果的影响。

对于过失误差,应在测量中尽量避免;如果出现,则应在确认后舍去。

系统误差会影响测量的准确度,需要通过实验研究分析其产生的原因并减小或消除其对结果的影响。系统误差大体上可分为以下几类:

(1)仪器误差。指仪器自身机电性能的不完善而引起的误差。

(2)操作误差。它是指在使用时对仪器的安装调节操作不当引起的误差。减小或消除其影响的方法是严格按照仪器的技术规程操作,熟练掌握实验操作技巧,避免出现操作误差。

(3)方法误差。指测量中依据的理论不严密或者不适当地简化测量计算公式所引起的误差。

(4)环境误差。指外界环境(温度、湿度、电磁场等)超出仪器允许的工作条件引起的误差。

(5)人为误差。指测量者个人的习惯、偏向及由个人的感觉器官不完善引起的误差。为消除此类误差,要求实验者提高操作技巧,改正不良习惯。

对系统误差,如不能用简单的方法确定或消除,还可以用一些特殊的测量方法来加以抵消。下面介绍两种方法:

(1)代替法。在测量时,先对被测量进行测量,并记录测量数据,然后用一已知标准量替代被测量,并改变已知标准量的数值,使测量装置恢复到原来的测量数值,则这时已知标准量的数值就是被测量的数值。

(2)正负误差抵消法。在相反的条件下进行两次测量,使两次误差等值而异号,然后取两次结果的平均值,便可将误差消除。

1.3.3 实验结果的图示处理

为了直观地反映量之间的关系或变化规律,常需将实验结果用曲线的形式表达。

在坐标系中(以直角坐标系为例)根据 n 对离散的测量数据(x_j,y_j)($j=1,2,3,\cdots,n$)绘制出能反映所给数据的一般变化趋势的光滑曲线的方法称为曲线拟合。

在要求不高的情况下,最简单的曲线拟合法是观察法,即通过观察画出一条光滑的曲线,使所给的数据均匀地分布在曲线的两侧,如图 1 所示。这种方法不够精确。

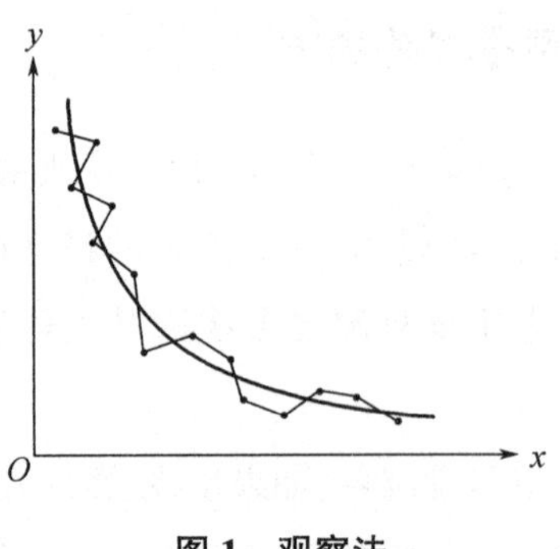

图 1　观察法

工程上最常用的曲线拟合法是分段平均法。该方法先把所有数据点在坐标图上标出;再根据数据分布情况,把相邻的 2~4 个数据点划分为一组,然后求出每组数据点的几何重心并把它们标于坐标系上,然后根据它们绘制出光滑的曲线,如图 2 所示。

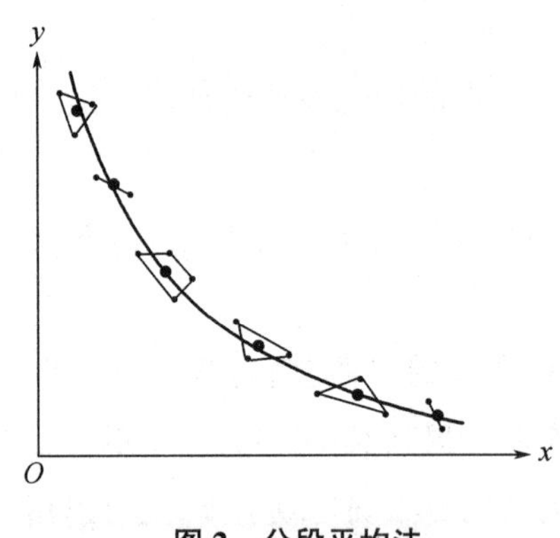

图 2　分段平均法

精度要求更高时,可采用最小二乘法进行数据曲线拟合,这里不做介绍,读者可参阅有关资料了解相关知识。

1.3.4　有效数字位数的处理

在测量中遇到的数据,一般反映的是某个量的大小或多少;但在测量中获取的原始数据,既反映了被测量的大小又反映了测量精度。如 1 和 1.0,它们的大小是相等的,但它们的测量精度却差了一个数量级。因此在进行测量或实验后的数据处理时,要使同一项测量保持相同的测量精度,即它们小数点后的数位应相同。当数据是整数时,要根据精度的要求,在小数点后用0将数位补足,在同一项测量中不应出现不同的有效数位。位数过少,说明测量精度不够,不能满足测量要求;位数过多,虽然该点的测量精度高,但从整体上看并没有实际意义。为了记录的整齐,多余的位数应按照四舍五入的规则处理。

在电路实验的测量过程中根据仪表的精度读数;如果指针指示的位置在两条分度线之间,可估读一位数字。

1.4 实验考核

实验课程总成绩包含三部分:预习报告及仿真成绩、实验操作成绩、实验报告成绩。

(一)预习报告及仿真成绩(占20%)

实验预习要准备充分,具体要求如下:

(1)认真阅读实验指导书,明确实验目的,理解相关原理,熟悉实验内容、电路及注意事项。

(2)熟悉所用仪器的主要性能和使用方法,掌握主要参数的测试方法,做好观察哪些波形、记录哪些数据的准备工作。

(3)认真完成实验报告的预习部分(包括实验目的、实验原理和实验内容分析),未完成预习部分不允许进行实验。

(4)要求仿真的实验上课前应完成仿真。

(二)实验操作成绩(占50%)

(1)按时进入实验室,凡无故不上实验课或迟到10 min以上者,以旷课论处。

(2)遵守实验室的各项规章制度和实验操作规程,要求接线正确、合理,仪器、仪表使用正确、合理,具体操作见学院《学生实验室规则》。

(3)要求在规定时间内独立完成实验,做到原始数据记录完整、清晰,实验结果正确。若不符合要求必须重新进行实验。

(4)实验过程中若出现仪器损坏的情况,其赔偿办法见学院《实验室仪器赔偿制度》。

(三)实验报告成绩(占30%)

(1)实验报告用规定的实验报告纸书写,上交时应装订整齐。

(2)实验报告书写要工整、规范,图、表都应该标明图(表)号、图(表)名;如有曲线图,应在坐标纸上画出。

(3)实验报告内容要齐全,具体要求如下:

①验证性实验报告要求。

预习部分包括:实验目的;实验原理;实验内容分析。实验预习报告要求在实验前完成,主要是要求学生在实验内容分析部分把测量数据对应的理论数据计算出来。

实验部分包括:实验仪器;实验数据记录、处理、分析及结论;实验小结。

②设计性实验报告要求。

a. 实验目的。

b. 设计要求。

c. 电路设计。叙述工作原理,画出电路图,计算并确定元件参数。

d. 实验仪器。

e. 测试数据及分析。

(a)简述调试方式。

(b)记录测试数据,并绘出所观察到的输出波形图。

(c)分析实验结果,得出相应结论。

(d)调试过程中所遇到的问题及解决方法。

f. 结论。结论是对整个设计工作的总结,应概括出整个设计工作的结论性意见或认识。可以包括作者提出的建议、下一步工作的设想及改进意见等。要求:措辞严谨、逻辑严密、文字准确。

第2章　验证性实验

本章实验所包含的内容与电路基础理论有密切联系。通过完成本章实验,学生应当达到如下要求:

(1)掌握常用电子仪表(如直流电源、万用表、函数信号发生器、双综示波器、交流毫伏表等)的基本工作原理和正确使用方法。

(2)能识别各种元器件(如电阻、电位器、电容和电感等),掌握其参数测量原理和测量方法。

(3)了解电信号的时域特性和频域特性,了解元器件的伏安特性及其测量方法。

(4)了解两个电信号的相位差、电路等效及其实验方法。

(5)掌握仪表在测量电路中的正确连接和对被测电路的影响,能预测测试方法对测量结果的影响。

(6)能找出测量数据产生误差的原因,并具备一定的测量误差分析能力和测量数据处理能力。

通过这些实验可提高学生分析问题和解决问题的能力,使学生养成勤奋进取、严肃认真、实事求是和理论联系实际的工作作风和科学态度。

2.1　电压源与电压测量仪器

一、实验目的

(1)掌握电压源(直流稳压电源和函数信号发生器)的功能、技术指标和使用方法。

(2)掌握指针式万用表、数字万用表及交流毫伏表的功能、技术指标和使用方法。

(3)学会正确选用电压表测量直流、交流电压及含有直流电平的交流电压。

二、实验原理

实验原理详见第5章,阅读直流稳压电源、函数信号发生器、数字万用表及交流毫伏表的使用规则。

三、实验内容及步骤

1. 直流电压测量

采用数字万用表测量直流电压。

测量方法：确定测量仪器设置在直流电压测量状态；将测量仪器 COM 端与被测电源 COM 端相连，然后测量笔接触被测点即可测量被测点的电压。若被测电压已知，应根据被测电压大小选择合适的量程，使测量数据达到最高精度；若被测电压未知，应将测量仪器量程置于最大，然后逐渐减少量程，使测得数据有效数字尽量多。

(1)固定电源测量。测量稳压电源的固定电压为 5 V 和 12 V 时的直流电压，并记录于表 1。

(2)可变电源测量。按表 1 调节稳压电源输出并测量。

表 1　直流电压测量

电源表头指示值/V	固定电源测量		可变电源测量		
	5	12	6	10	18
数字万用表测量值/V					
相对误差					

2. 正弦电压(有效值)测量

(1)函数信号发生器输出正弦波，信号频率为 300 Hz，输出电压分别为 0.01 V、0.5 V、1 V、4 V，同时用数字万用表和交流毫伏表按表 2 进行测量。

(2)将信号发生器频率改为 $f_s = 100$ kHz，重复上述测量，记入表 2。

表 2　正弦电压测量

f_s	输出电压/V	0.01	0.5	1	4
300 Hz	数字万用表测量值/V				
	数字万用表测量值相对误差				
	交流毫伏表测量值/V				
	交流毫伏表测量值相对误差				

续表 2

f_s	输出电压/V	0.01	0.5	1	4
100 kHz	数字万用表测量值/V				
	数字万用表测量值相对误差				
	交流毫伏表测量值/V				
	交流毫伏表测量值相对误差				

四、实验仪器

(1)直流稳压电源 1 台。

(2)函数信号发生器 1 台。

(3)数字万用表 1 块。

(4)交流毫伏表 1 台。

五、预习要求

仔细阅读实验讲义内容,了解各仪器技术性能和使用方法。

六、报告要求

(1)整理实验数据,并对测量结果进行必要的分析和讨论。

(2)回答下列思考题:

①用数字万用表及交流毫伏表测量正弦波,表头显示的是正弦电压的什么值?

②可否用数字万用表及交流毫伏表测量三角波、斜波、锯齿波?

(3)记录本次实验的体会。

2.2　常用电子仪器的使用

一、实验目的

(1)学习电子电路实验中常用的电子仪器(如示波器、函数信号发生器、直流稳压电源、交流毫伏表等)的主要技术指标、性能及正确使用方法。

(2)初步掌握用双踪示波器观察正弦信号波形和读取波形参数的方法。

二、实验原理

在模拟电子电路实验中,经常使用的电子仪器有示波器、函数信号发生器、直流稳压电源、交流毫伏表等,这些仪器和万用表共同使用,可以完成对模拟电子电路的静态和动态工作情况的测试。

实验中要综合使用各种电子仪器,可按照信号流向,以连线简洁、调节方便、观察与读数方便等原则进行合理布局,模拟电子电路中常用电子仪器布局图如图 1 所示。为防止外界干扰,接线时应注意各仪器的公共接地端应连接在一起(称共地),信号源和交流毫伏表的引线通常使用屏蔽线或专用电缆线,示波器接线使用专用电缆线,直流电源的接线使用普通导线。

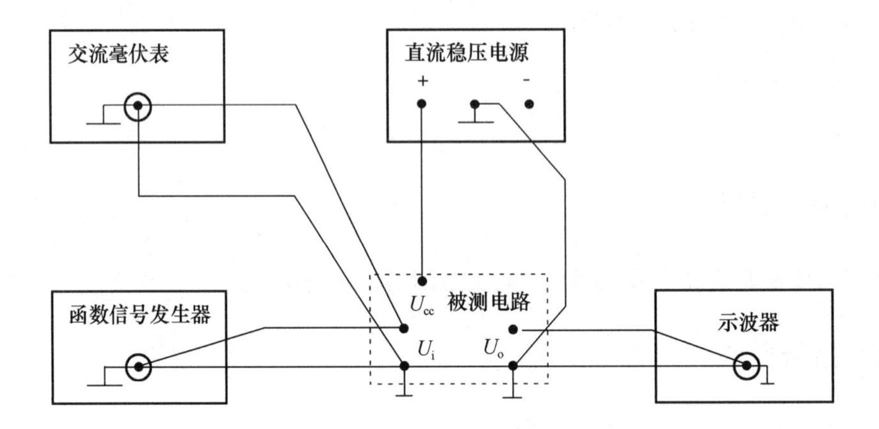

图 1　模拟电子电路中常用电子仪器布局图

三、实验内容及步骤

(1)正弦波信号的观察及输出电压的测量。

调节函数信号发生器的有关旋钮,使其输出的正弦波信号频率为 1 kHz,按 2.1 节表 1 中数值进行相应的测试,并将结果记入本节表 1 中。

表 1　实验数据记录

信号源输出电压		示波器测量输出电压	
		峰峰值	有效值
峰峰值	2 V		
有效值	500 mV		

(2)正弦波信号频率的测量。

调节函数信号发生器的有关旋钮,使输出频率分别为 100 Hz、1 kHz 及 100 kHz,峰峰值均为 2 V(示波器测量值)。用示波器测量信号频率,并与函数信号发生器的频率比较,将结果记入表 2。

表 2 实验数据记录

信号源频率	周期/ms	频率/Hz	频率相对误差
100 Hz			
1 kHz			
100 kHz			

(3)直流信号的观察及测量。

用直流稳压电源代替函数信号发生器,用示波器观察并记录直流电压波形。此时直流稳压电源输出电压分别为 5 V 和 10 V,测试前应记住扫描线的位置,并将测试结果记入表 3。

表 3 实验数据记录

直流稳压电源输出电压/V	5	10
示波器测量值/V		
相对误差		

四、实验仪器

(1)数字示波器 1 台。
(2)函数信号发生器 1 台。
(3)直流稳压电源 1 台。
(4)交流毫伏表 1 台。

五、预习要求

仔细阅读实验讲义内容,了解各仪器技术性能和使用方法。

六、报告要求

(1)整理实验数据,并对测量结果进行必要的分析和讨论。

(2)回答下列思考题:

①函数信号发生器有哪几种输出波形?它的输出端能否短接?

②交流毫伏表是用来测量正弦波电压还是非正弦波电压的?它的表头指示值是被测信号的什么数值?它是否可以用来测量直流电压的大小?

(3)记录本次实验的体会。

2.3 万用表测量电压、电流

一、实验目的

(1)了解万用表的测量原理,学会万用表的使用方法。

(2)了解内阻对测量结果的影响。

二、实验原理

1. 万用表内阻对电流、电压测量结果的影响

(1)内阻对电压测量结果的影响。

在测量电压时,需要将万用表与被测支路并联。为了使测量仪表的接入不影响被测电路的实际参量,要求电压表的内阻为无穷大;但在实际应用中,这个要求是无法达到的。因此,当电压表接入被测电路时,改变了原电路的工作状态,测量结果必然存在误差。下面以图1所示电路为例进行说明。

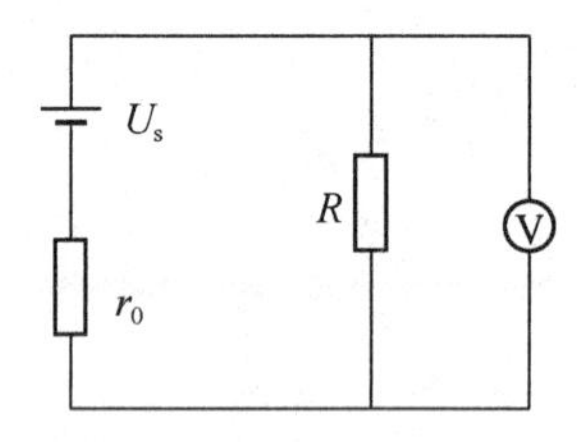

图1 电压测量电路

在理想状况下,$R_V \to \infty$,这时被测支路 R 两端的电压 U 为

$$U = \frac{RU_s}{r_0 + R} \tag{1}$$

此值可以认为是被测电压的真实值,而实际上电压表内阻 R_V 不可能为无穷大,因此考虑到这个因素后,R 两端的电压为

$$U' = \frac{R \,/\!/\, R_V}{r_0 + R \,/\!/\, R_V} U_s \tag{2}$$

由上式可以看出：R_V 越大，U'越接近于 U；当 $R_V \gg R$ 时，可以认为 $U'=U$。

其相对误差为

$$\varepsilon = \frac{U' - U}{U} \times 100\% \tag{3}$$

将式(1)、式(2)代入式(3)，简化得

$$\varepsilon = \left[1 - \frac{1}{1 + \dfrac{Rr_0}{R_V(R + r_0)}}\right] \times 100\% \tag{4}$$

由上式可知：R_V 越大，ε 越小。即电压表内阻越大，测量值越准确。因此，在测量电压时，所选量程的内阻 R_V 应远大于被测支路的等效电阻 R，即 $R_V \gg R$，否则误差将会很大。

电压表在不同量程下的内阻不同，其内阻大小与量程 U_M 的关系为

$$R_V = S_V U_M \tag{5}$$

式中，S_V 为电压表的灵敏度，即所用量程越大，电压表内阻越大。因此，在测量电压时，应首先对被测支路等效电阻与电压表内阻进行粗略比较，以选择合适的量程。

(2) 内阻对电流测量的影响。

在用电流表测量电流时，也存在一个电流表内阻 R_A 对测量结果的影响问题。下面以图 2 所示电路为例进行说明。

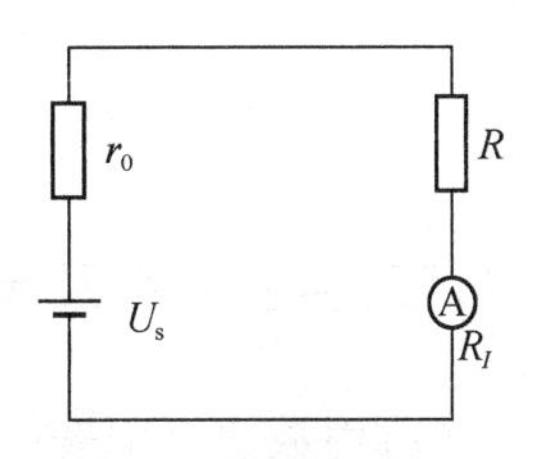

图 2　电流测量电路

首先，考虑理想状态，$R_A=0$，此时

$$I = \frac{U_s}{r_0 + R} \tag{6}$$

此时 I 也为未接入电流表时电路中的电流真实值。考虑实际情况，$R_A \neq 0$ 时，

$$I' = \frac{U_s}{r_0 + R + R_A} \tag{7}$$

比较式(6)和式(7)，可以发现：由于 R_A 存在，测量值会比真实值小。R_A 越小，I'越接近于 I；当 $R_A \ll (r_0+R)$ 时，可以认为 $I'=I$。

其相对误差为

$$\varepsilon = \frac{I' - I}{I} \times 100\%$$

$$= \frac{1}{1 + \dfrac{1}{R_A}(r_0 + R)} \times 100\% \tag{8}$$

2. 测量电流的两种方法

(1)直接法。

直接将电流表串入被测支路来测电流的方法称为直接法。为了减小测量误差,要求 $r_0+R \gg R_A$。

(2)间接法。

通过测量被测支路已知电阻上的电压,从而利用 $I=U/R$ 来求电流的方法称为间接法。在被测支路等效电阻很小,或者不便将电流表串入被测支路的情况下,可以考虑采用间接法测量。为了减小误差,要求 $R_V \gg R$。间接法测量电路如图 3 所示。

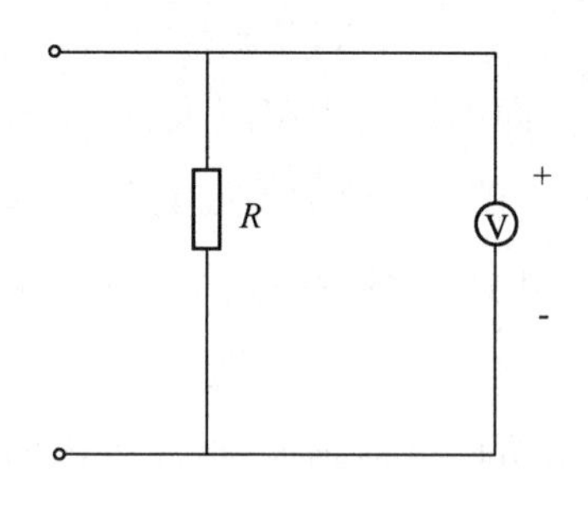

图 3　间接法测量电路

三、实验内容及步骤

(1)用数字万用表测量图 4 所示电路中各电阻上的电压值,将结果记录于表 1。

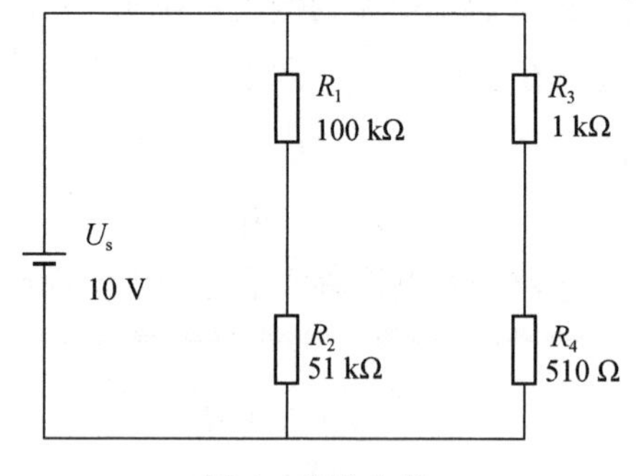

图 4　实验电路

表 1　测量结果

电压	U_{R_1}	U_{R_2}	U_{R_3}	U_{R_4}
测量值/V				
理论计算值/V				
相对误差				

(2)用间接法测量图 5 所示电路中各支路电流值,将结果记录于表 2。

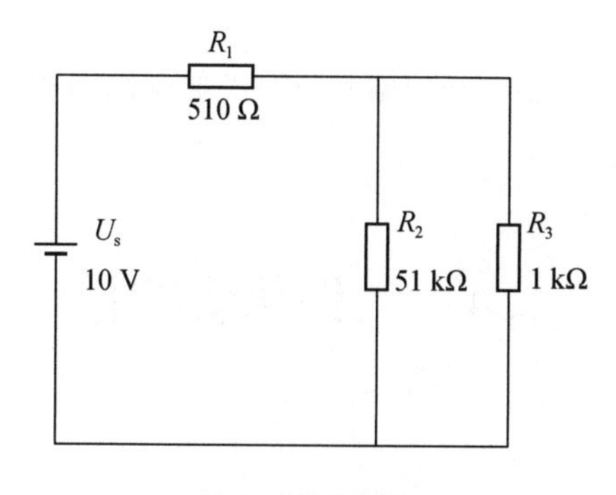

图 5　实验电路

表 2　测量结果

项目	R_i		
	R_1	R_2	R_3
各电阻上的电压/V			
测量计算值/mA			
理论计算值/mA			
相对误差			

四、注意事项

(1)测量时要注意:电压表并联在被测支路上,电流表串联在被测支路上,且要注意电流的方向性。

(2)合理选择量程,切勿使电表超量程。

五、实验仪器

(1)直流稳压电源 1 台。

(2)万用表 1 块。

(3)实验箱 1 台。

六、预习要求

(1)预习万用表使用的有关知识,了解万用表使用时的注意事项。

(2)完成相应理论计算。

七、报告要求

(1)整理本次实验的测试数据,并据此说明如何提高电压、电流测量的准确度。

(2)记录本次实验体会。

2.4 元件伏安特性

一、实验目的

(1)掌握线性电阻元件和非线性电阻元件的伏安特性及其测量方法。

(2)了解线性元件与非线性元件特性的差别。

(3)掌握电源外特性的测量方法。

(4)练习实验曲线的绘制。

二、实验原理

1. 线性电阻元件和非线性电阻元件的伏安特性

线性电阻元件的电压电流关系可以用欧姆定律 $R=U/I$ 来描述。电阻与电流、电压的大小和方向具有双向特性,它的伏安特性曲线是一条通过原点的直线,直线的斜率是电阻的阻值 R。电压与电流之间的关系可以绘成 $U-I$ 平面上的一条曲线,称为该元件的伏安特性曲线。电压和电流的测量只需用电压表和电流表测定,改变电压测出相应的电流,即可绘出元件的伏安特性,这种方法称为伏安测量法。

如图 1(a)所示,线性元件的 R 值不随电压或电流大小的改变而改变,电压和电流成正比,且线性元件上的电压和电流是并存的,与过去的电流大小无关,是无记忆元件。

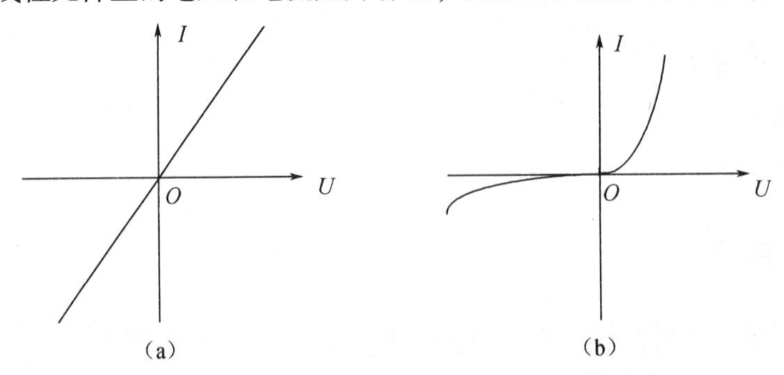

图 1 线性电阻元件和非线性电阻元件伏安特性曲线图

不符合上述条件的电阻元件称为非线性电阻元件。半导体二极管就是非线性电阻元件，它的伏安特性曲线如图 1(b)所示。半导体二极管不但电阻值随着电压的大小和极性的改变而改变，而且当直流电源的正极接半导体二极管的阳极而负极接阴极时，半导体二极管的电阻值很小，反之二极管的电阻值很大，因此对于坐标原点来说该曲线是非对称的，具有单向性的特点，即非双向性。这种性质为大多数非线性元件所具备。

一般的半导体二极管是一个非线性电阻元件，正向压降很小（一般的锗管约为 0.2～0.3 V，硅管约为 0.5～0.7 V），正向电流随正向压降的升高而急速上升，而反向电压从 0 一直升高到几十伏的过程中其反向电流增加很小，可视为 0。可见，半导体二极管有单向导电性，但反向电压加得过高，超过其极限值，则会导致其击穿损坏。稳压二极管是一种特殊的二极管，其正向特性与普通的二极管类似，但其反向特性较特殊。在反向电压开始增加时，其反向电流几乎为 0；但当反向电压增加到一定数值时（此值称为稳压二极管的稳压值，有各种不同稳压值的稳压管），电流将突然增大，之后它的端电压将维持稳定，不再随外加的反向电压的升高而增大。

用电压表和电流表测量电阻时，由于电压表的内阻不是无穷大的，电流表的内阻也不为 0，所以会给测量结果带来一定的方法误差。因此在测量某一支路的电压和电流时，除了应根据技术要求正确选择电流表和电压表的规格、精度和量程外，在接线时还应把电压表和电流表接在电路的正确位置上，仪表位置不当也会造成较大的测量误差。

如图 2 所示，测量 R 支路的电流和电压时，电压表在线路中的连接方法有两种，如图中的 1－1′处和 2－2′处所示。当电压表接在 1－1′处时，电流表的读数为流过 R 的电流，而电压表的读数不仅含有 R 的电压降，而且还含有电流表内阻的电压降，因此电压表的读数较实际值更高。当电压表接在 2－2′处时，电压表的读数为 R 上的电压降，而电流表的读数除含有 R 的电流外，还含有流过电压表的电流值，因此电流表的读数较实际值更大。显然，当 R 的阻值比电流表的内阻大得多时，电压表宜接在 1－1′处；当电压表的内阻比 R 的阻值大得多时，电压表宜接在 2－2′处。实际测量时，某一支路的电阻常常是未知的，因此，测量时可分别在 1－1′处、2－2′处进行尝试；如果这两种接法电压表的读数误差很小或差别很小，即可接在 1－1′处；如果这两种接法电流表的读数误差很小或差别很小，即可接在 2－2′处。若两种接法，电压表和电流表的读数均差别很小，则电压表可随意接在 1－1′处或 2－2′处。

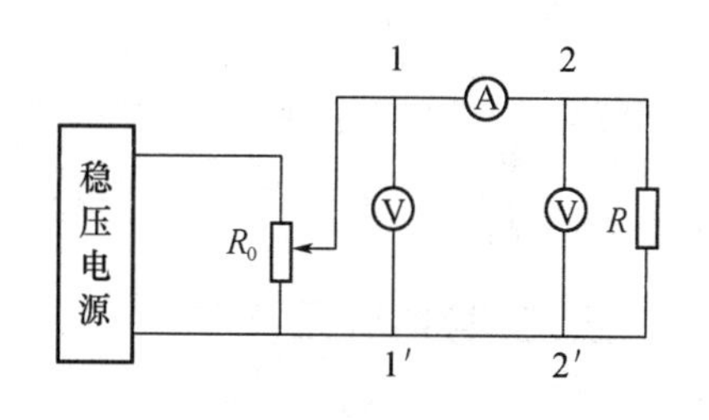

图 2　伏安法测量电阻电路

2. 理想电压源

能够保持其端电压为恒定值且内部没有能量损失的电压源称为理想电压源。理想电压源具有下列性质:①其端电压和流过它的电流大小无关;②流过理想电压源的电流并不由电压源本身决定,而是由与之相连接的外电路决定。理想电压源的伏安特性曲线如图 3(a)所示。理想电压源实际上是不存在的,实际电压源总是具有一定大小的内阻,因此实际电压源可以用一个理想电压源和一个串联电阻来表示。当电压源中有电流流过时,必然会在电阻上产生电压降,因此,实际的电压源的端电压 U 可表示为

$$U = U_s - IR_s$$

式中,I 为流过电压源的电流;U_s 为理想电压源的电压;R_s 为实际电压源的内阻。由上式可知实际电压源的伏安特性如图 3(b)所示。显然,实际电压源的内阻 R_s 越小,其特性越接近于理想电压源。

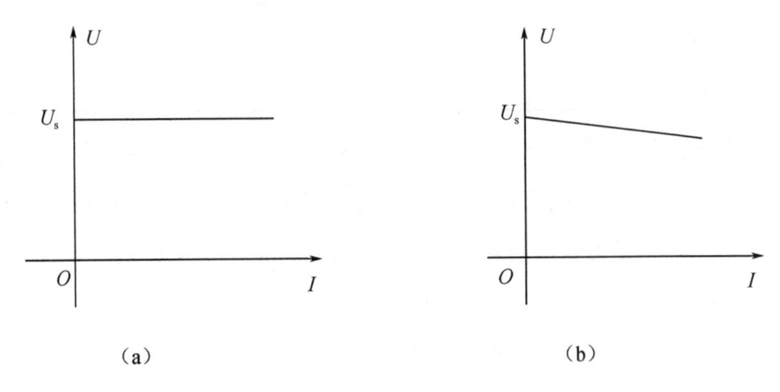

图 3　电压源伏安特性曲线

三、实验内容及步骤

1. 测量线性电阻的伏安特性曲线

根据被测电阻的大小自行选择测量电路,分别对 $R=200\ \Omega$ 和 $R=100\ \text{k}\Omega$ 的电阻进行测量,要求电压从−6 V 变为 6 V,将测量结果记于表 1,并说明是按什么方法进行测量的。测量电路如图 4 所示。

表 1　测量结果

电压/V		−6	−4	−2	0	2	4	6
200 Ω	计算值/V							
	测量值/V							
	相对误差							

续表 1

电压/V		-6	-4	-2	0	2	4	6
100 kΩ	计算值/V							
	测量值/V							
	相对误差							

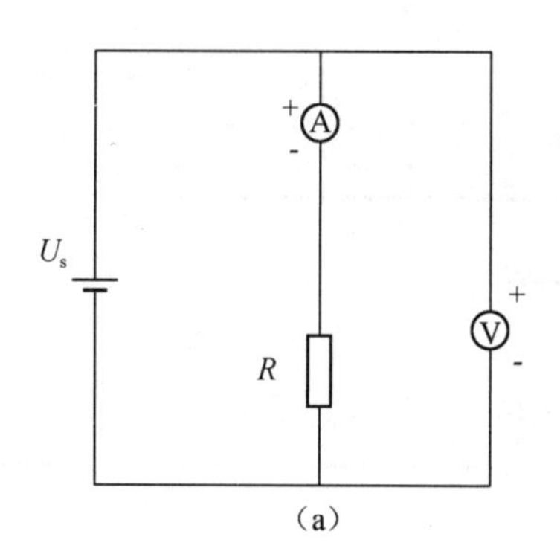

(a)

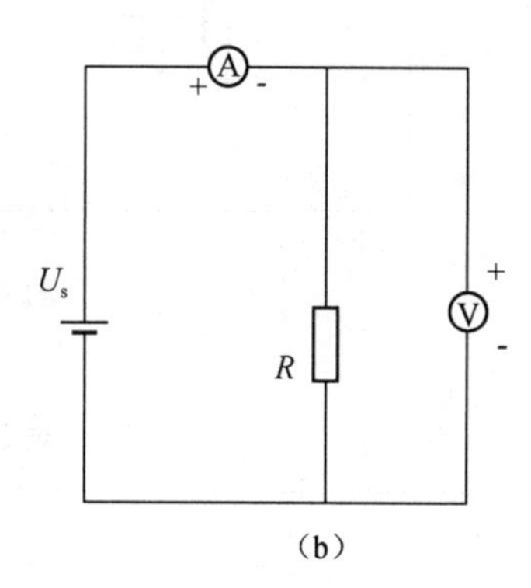

(b)

图 4　实验电路

2. 测量非线性电阻的伏安特性曲线

选用二极管作为被测元件,实验电路如图 5、图 6 所示。图中,R 为可变电位器,最大阻值为 1 kΩ,用以调节电压;r 为限流电阻,用以保护二极管。

(1)正向特性。按图 5 接好电路,测量相应电流,并记录在表 2 中。

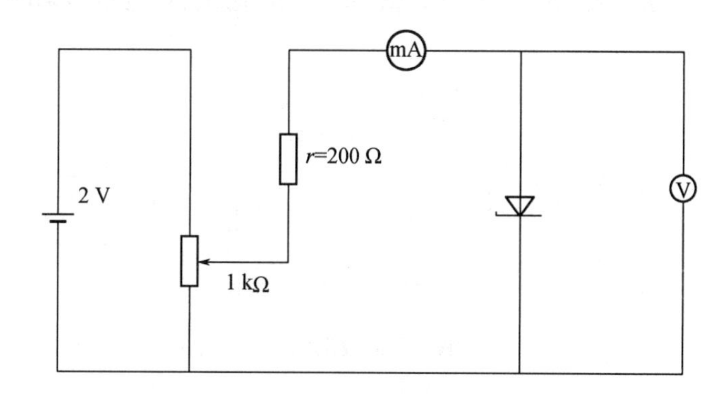

图 5　实验电路

表 2　测量结果

电压					
6 V 稳压管电流					

(2)反向特性。按图 6 接好电路,测量相应电流,并记录在表 3 中。

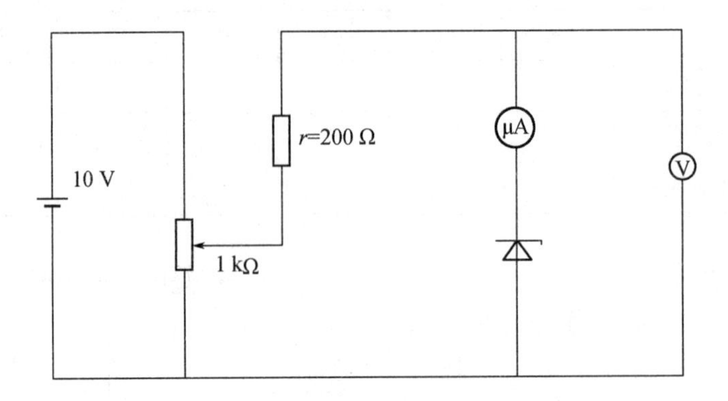

图 6　实验电路

表 3　测量结果

电压				
6 V 稳压管电流				

3. 测量直流稳压电源的伏安特性

(1)测量理想电压源的伏安特性。

实验采用直流稳压电源作为理想电压源。在其内阻和外电路电阻相比可以忽略不计的情况下,输出电压基本不变,可以视为理想电压源。按图 7 所示连接电路,保持稳压电源输出为 10 V,R_1 为限流电阻,由大到小改变 R_2 阻值,将测量结果记录于表 4。

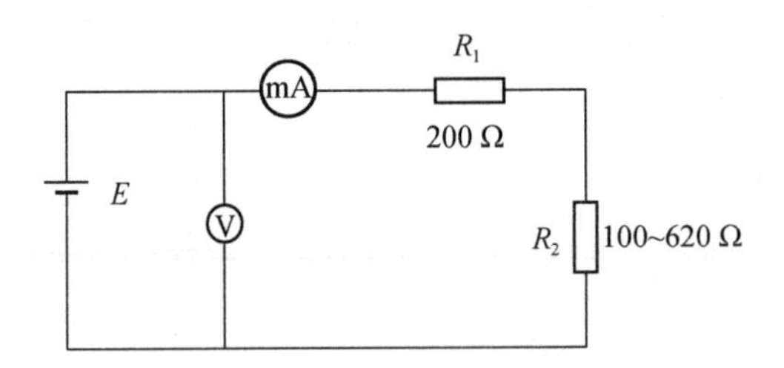

图 7　实验电路

表 4　测量结果

R_2/Ω	620	510	390	300	200	100
I/mA						
U/V						

(2)测量实际电压源的伏安特性。

首先选取一个 51 Ω 的电阻,作为直流稳压电源的内阻与稳压电源串联组成一个实际的电压源模型,实验电路如图 8 所示,R 阻值可变,实验步骤与(1)相同,将测量结果记录于表 5。

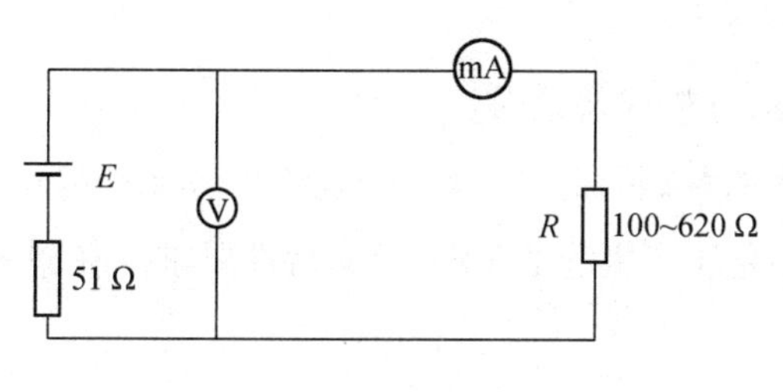

图 8　实验电路

表 5　测量结果

R/Ω	620	510	390	300	200	100
I/mA						
U/V						

四、注意事项

(1)在实验过程中,直流稳压电源输出端不能短路,以免损坏电源。

(2)在测量二极管反向特性时,不需要将电路中的电源和电表反接,只需将二极管反接并将所得结果前都加上负号即可。

(3)绘制特性曲线时,一定要用坐标纸画图,要标明 x 轴和 y 轴所代表的物理量、参考方向、单位定量,并注意坐标比例的合理选取。

(4)测二极管正向特性时,稳压电源输出应由小至大逐渐增加,应时刻注意电流表读数,不得超过 30 mA。

(5)进行不同实验时,应先估算电压和电流值,合理选择仪表的量程,勿使仪表读数超过量程,仪表的极性也不可接错。

五、实验仪器

(1)直流稳压电源 1 台。

(2)万用表 2 块。

(3)实验箱 1 台。

六、预习要求

完成预习报告,计算相应理论值。

七、报告要求

(1)整理实验数据,分析误差原因。

(2)根据实验测得的数据,在坐标纸上分别绘出各元件的伏安特性曲线,并总结各元件的伏安特性(其中稳压二极管的正向、反向特性要求画在同一张图中,正、反向电压可取不同的比例尺)。

(3)分析半导体二极管的伏安特性,观察其现象并说明原因。

(4)回答思考题:

①有一个线性电阻 $R=300\ \Omega$,用电压表和电流表测量电阻 R,已知电压表内阻 $R_V=10\ k\Omega$,电流表内阻 $R_A=0.5\ k\Omega$,问电压表和电流表采用哪种接法其误差较小?并画出测量电路图。

②线性电阻与非线性电阻的概念是什么?电阻器与二极管的伏安特性有何区别?

③设某器件伏安特性曲线的函数式为 $I=f(u)$,在逐点绘制曲线时,其坐标变量应如何设置?

④稳压二极管与普通二极管有何区别?简述其用途。

2.5 基尔霍夫定律

一、实验目的

(1)验证基尔霍夫电流定律和电压定律,加深对基尔霍夫定律的理解。

(2)加深对电流、电压参考方向的理解。

二、实验原理

基尔霍夫定律是电路理论中最基本、最重要的定律之一,它概括了电路中电流和电压应遵循的基本规律。基尔霍夫定律的内容有两条:一是基尔霍夫电流定律,二是基尔霍夫电压定律。

①基尔霍夫电流定律(Kirchhoff′s current law, KCL):在电路中,任意时刻,流进和流出节点电流的代数和等于零,即 $\sum I=0$。

②基尔霍夫电压定律（Kirchhoff′s voltage law，KVL）：在电路中，任意时刻，沿闭合回路电压降的代数和恒等于零，即 $\sum U = 0$。

以上结论与支路中元件的性质无关，不论这些元件是线性的还是非线性的、是含源的还是无源的、是时变的还是时不变的，以上结论都适用。

电路中各个支路的电流和支路中的电压必然受到两类约束：第一类是元件本身造成的约束，第二类是元件相互连接造成的约束。基尔霍夫定律表述的是第二类约束。

在电路中，往往不知道某一元件两端电压的真实极性或流过电流的真实流向，只能预先假定一个方向，这个方向就是参考方向。如图 1 所示，设电压降 U 的参考方向是从 A 到 B；电压表的正极与 A 端相连，负极与 B 端相连，若电压表的指针顺时针偏转，则读数为正，说明参考方向与实际方向一致；若电压表的指针逆时针偏转，则读数为负，说明参考方向与实际方向相反。对电流的处理方法类似。

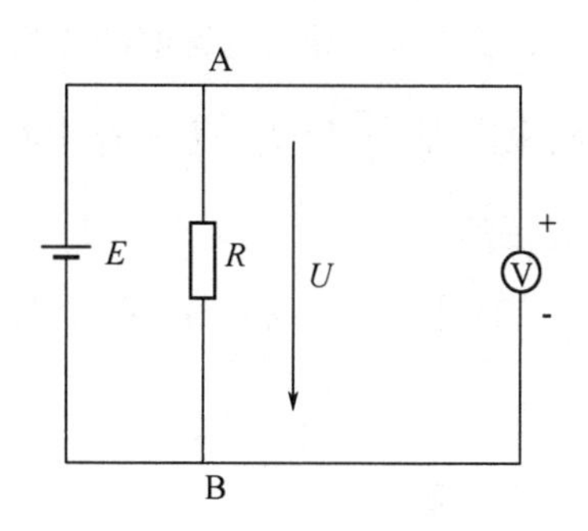

图 1　实验电路

三、实验内容及步骤

(1) 按图 2 连接实验电路，选择结点 a 验证基尔霍夫电流定律，采用间接法测电流。其中 $U_{s1}=8$ V，$U_{s2}=3$ V，$R_1=510\ \Omega$，$R_2=200\ \Omega$，$R_3=1\ \text{k}\Omega$。

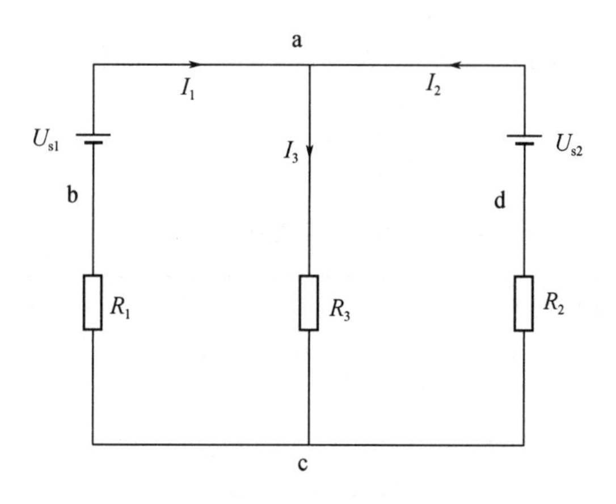

图 2　基尔霍夫定律验证电路

将测量结果记录于表 1。

表 1　测量结果

被测量	I_1/mA	U_1/V	I_2/mA	U_2/V	I_3/mA	U_3/V	$\sum I$/mA
理论值							
测量值							
相对误差							

注意事项:所测电流值的正负号应根据电流的实际流向与参考方向的关系来确定,而约束方程 $\sum I = I_1 + I_2 - I_3$ 中 I 前的正负号是由基尔霍夫电流定律根据电流的参考方向确定的。

(2)选择 abca 和 acda 两个网孔验证基尔霍夫电压定律,并将结果记录于表 2。

表 2　测量结果

回路					
回路 1 (abca)	被测量	U_{ab}/V	U_{bc}/V	U_{ca}/V	$\sum U$/V
	理论值				
	测量值				
回路 2 (acda)	被测量	U_{da}/V	U_{ac}/V	U_{cd}/V	$\sum U$/V
	理论值				
	测量值				

(3)分别以结点 b 和 d 为参考点,测量 abcd 各结点电位,计算结点之间的电压,并将结果记录于表 3。

表 3　测量结果

参考节点	测量值/V				计算值/V					
	V_a	V_b	V_c	V_d	U_{ab}	U_{bc}	U_{cd}	U_{da}	U_{ac}	U_{bd}
b										
d										

注意事项:当参考点选定后,结点电压便随之确定,这是结点电压的单值性;当参考点改变时,各结点电压均改变相同量值,这是结点电压的相对性。但各结点间电压的大小和极性应保持不变。

四、注意事项

(1)在电路未连接完成或未检查前,不要通电。

(2)在测试电流、电压时应注意:电流、电压的参考方向要与电流表、电压表的正负极相对应。

(3)测试时应注意仪表量程的及时更换。

五、实验仪器

(1)直流稳压电源 1 台。

(2)万用表 1 块。

(3)实验箱 1 台。

六、预习要求

完成预习报告,计算相应理论值。

七、报告要求

(1)利用测量结果验证基尔霍夫定律,与计算值相比较,求出其相对误差,并分析误差产生的原因。

(2)回答下列思考题:

①电压降和电位的区别是什么?

②测量直流电压、电流时,如何判断数据前的正负号?

(3)记录本次实验的体会。

2.6　受控源特性的研究

一、实验目的

(1)熟悉受控源的基本特性。

(2)通过实验加深对受控源特性的了解。

二、实验原理

受控源具有电源的特性,但它与独立源是有区别的。受控源的输出量是受控于输入量的,即受控于电路其他部分的电压或电流,故称输入量为控制量,输出量为受控量。根据受控量与控制量的性质,受控源可分为四种,分别为电流控制电流源(current controlled current source, CCCS)、电压控制电流源(voltage controlled current source, VCCS)、电流控制电压源(current controlled voltage source, CCVS)、电压控制电压源(voltage controlled voltage source, VCVS),四种受控源模型图如图 1 所示。

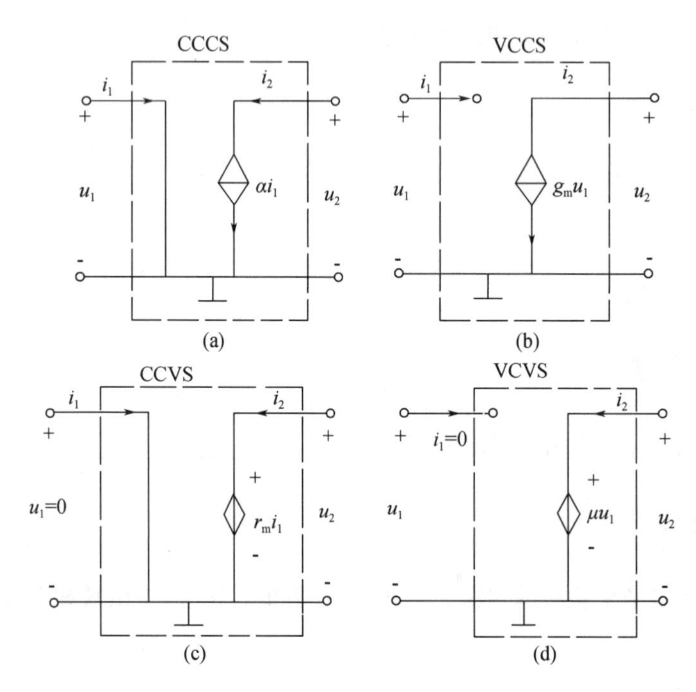

图 1 四种受控源模型图

受控源是从电子器件(电子管、晶体管、场效应管和运算放大器等)中抽象出来的一种模型,可以用来表征电子器件的电特性。由于电子器件的出现和广泛使用,在现代电路理论中,受控源已经和电阻、电容、电感等元件一样,成为电路的基本元件。受控源对外提供的能量并非取自控制量,也非受控源内部产生的,而是取自附加的直流电源。因此,受控源实际上是一种能量转换装置,它能将直流电能转换成按控制量变化的输出量。若控制量是一种按正弦规律变化的交流电信号,则该受控源就能将直流电能转换成交流电能。

从另一个角度来看,受控源和电路元件一样,能在电路中使两条支路的电压、电流或在同一条支路的电压和电流间建立一个约束关系,这与一个电阻元件能在它两端的电压和电流间建立一个约束关系相似,鉴于以上原因将受控源称为有源元件,以区别于在任何情况下都不向外提供能量的无源元件。因为有源元件有输入端和输出端之分,故又称为双口元件,以区别于电阻、电容等单口元件。仅当受控量与控制量之间比例系

数 α、g、r、μ 为常数时，该受控源是线性元件。

受控源的受控量与控制量之比称为转移函数。四种受控源的转移函数分别用 α、g、r 和 μ 表示。它们的定义如下：

(1) CCCS：$\alpha=\frac{i_2}{i_1}$，转移电流比（电流增益）。

(2) VCCS：$g=\frac{i_2}{u_1}$，转移电导。

(3) CCVS：$r=\frac{u_2}{i_1}$，转移电阻。

(4) VCVS：$\mu=\frac{u_2}{u_1}$，转移电压比（电压增益）。

实际的受控源只能接近理想情况，因此它们的控制量与受控制量之间的关系并非一个常数，而是以下函数关系：对 CCCS 是 $i_2=f(i_1)$；对 VCCS 是 $i_2=f(u_1)$；对 CCVS 是 $u_2=f(i_1)$；对 VCVS 是 $u_2=f(u_1)$。可用一条曲线来表达控制量之间的关系，曲线中比较接近直线的区域称为线性区域。在线性区域内曲线的斜率是一个常数，这时控制量的变化与受控量的变化是成正比的，但超出这一区域范围就不能保持这一关系。CCCS 可用一只 NPN 晶体管来实现。NPN 晶体管是一种电流放大器，给基极 b 输入一电流，集电极 c 就能获得放大了的相应电流。改变基极电流大小，也可以控制集电极电流的大小。CCCS 电路如图 2 所示。图中，1-1′为受控源输入端，2-2′为受控源输出端。后面各图同理。

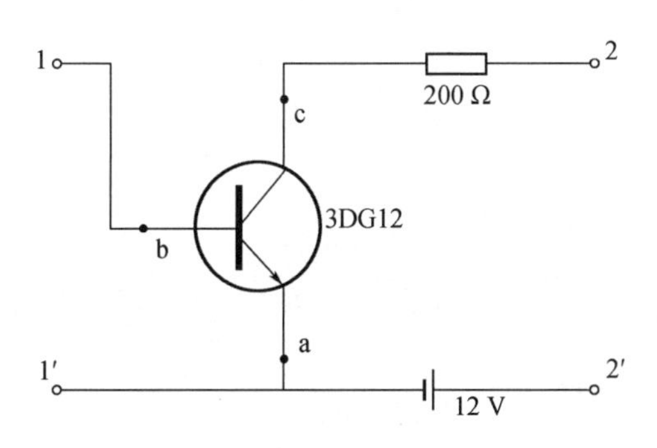

图 2　CCCS 电路

VCCS 可以用绝缘栅场效应晶体管来实现。VCCS 电路如图 3 所示。

VCVS 可用运算放大器来实现。运算放大器是一种高增益、高输入电阻、低输出电阻的放大器。VCVS 电路如图 4 所示。

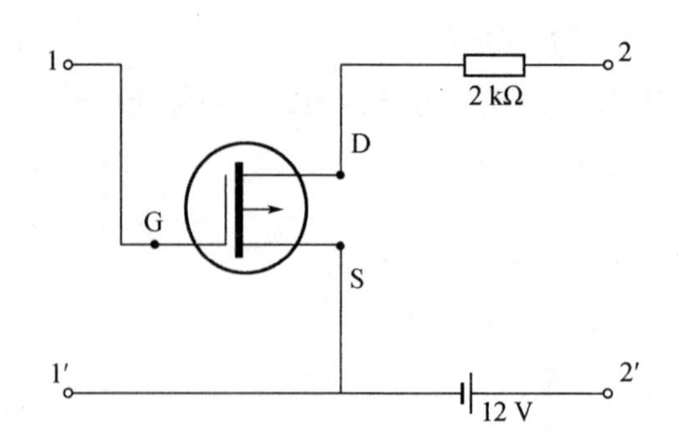

图 3　VCCS 电路

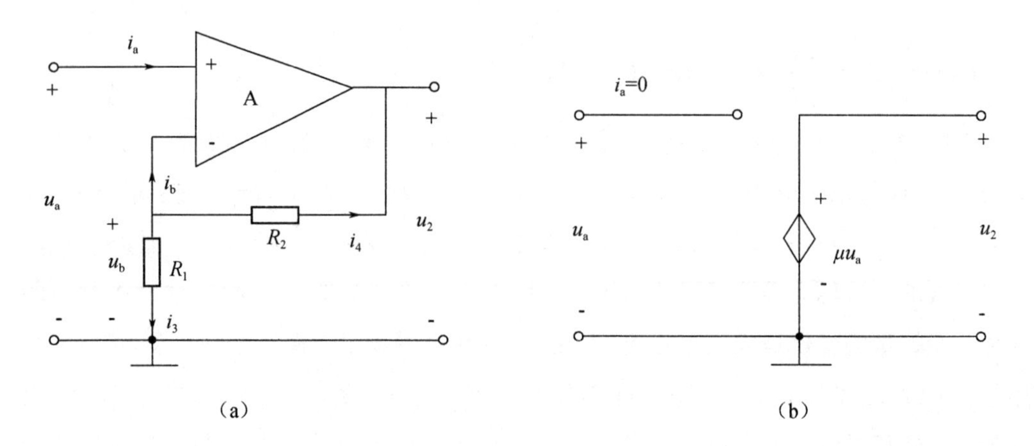

图 4　VCVS 电路

根据运算放大器特性有 $i_a=i_b=0$，$u_a=u_b$，故 $i_3=-i_4$，即

$$\frac{u_b}{R_1}=-\frac{u_b-u_2}{R_2}$$

即

$$\frac{u_a}{R_1}=-\frac{u_a-u_2}{R_2}$$

故

$$u_2=\frac{R_1+R_2}{R_1}u_a=\mu u_a$$

式中，μ 为电压放大系数，$\mu=\frac{R_1+R_2}{R_1}$。根据上式可作出其等效电路图，如图 4(b) 所示，可见此电路为 VCVS 电路。由于 $R_1=R_2$，故 $\mu=2$。又因输出端与输入端有公共的接地端，故这种接法称为共地连接，简称共地。

电流控制电压源也可用运算放大器来实现。CCVS 电路如图 5 所示。

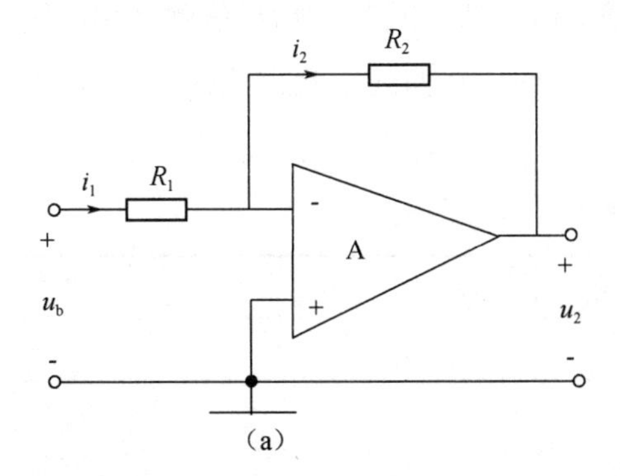

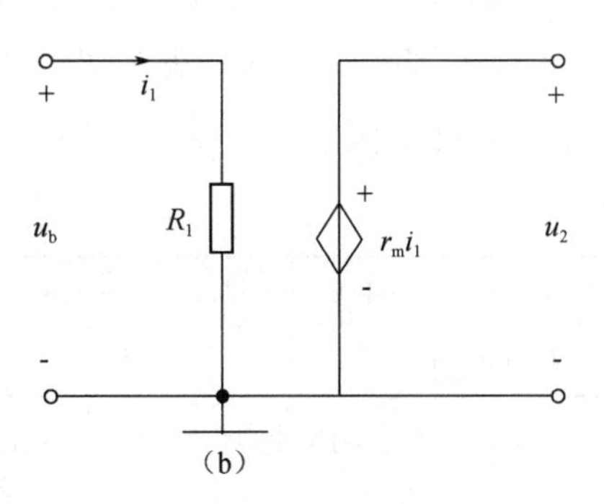

图 5　CCVS 电路

因有 $i_1=i_2, i_1=\frac{u_b}{R_1}=-\frac{u_2}{R_2}$，故得

$$u_2=-R_2\frac{u_b}{R_1}=-R_2 i_1=r_m i_1$$

式中，$r_m=-R_2$。

图 5(a)等效电路如图 5(b)所示，为 CCVS 电路，且为共地连接。

三、实验内容和步骤

(1)按图 6 接线，检查无误后，接通电源。调节电位器，按表 1 中 I_1 值测量输出电流 I_2，将结果记录于表 1，并绘出 $I_2=f(I_1)$ 的曲线，在曲线中找出线性区域，求出曲线线性斜率。

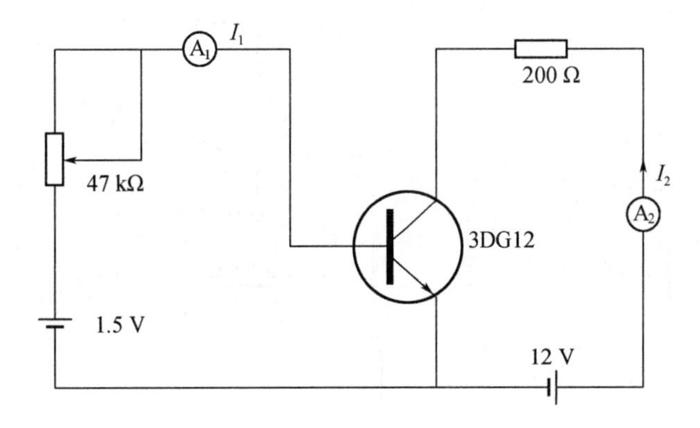

图 6　CCCS 电路

表 1　测量结果

I_1/μA	100	150	200	250	300	350	400	450
I_2/mA								

(2)按图 7 接线,检查无误后,接通电源。调节电位器,按表 2 中 U_1 值测量相应输出电流 I_2,将结果记录于表 2,并绘出 $I_2=f(U_1)$ 的曲线。在曲线中找出线性区域,求出曲线线性区斜率。

表 2　测量结果

U_1/V	-1.6	-1.2	-0.8	-0.4	0	0.5	1.0	1.5	1.7
I_2/mA									

注:$U_1>0$ 时,将 3 V 电源“+”极和“-”极对调。

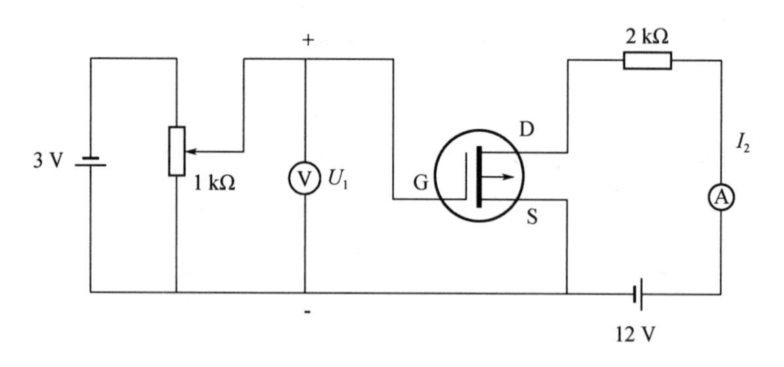

图 7　VCCS 电路

(3)按图 8 接线,检查无误后,接通电源。调节电位器,按表 3 中 U_I 值测量相应输出电压 U_O,将结果记于表 3,并绘出 $U_O=f(U_1)$ 的曲线。在曲线中找出线性区域,求出曲线线性斜率。

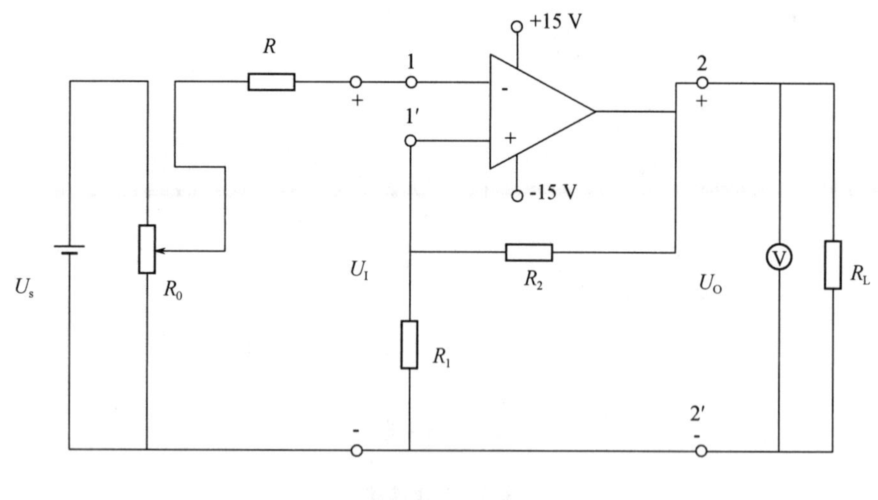

图 8　VCVS 电路

①取 $R_L=1$ kΩ 不变,调节 R_0 改变 U_I,观察 U_O 的变化规律,并测定它的控制系数

$\mu = U_0/U_I$(即电压放大倍数),将测量结果填入表 3。

表 3　测量结果

U_I/V	0	0.3	0.4	0.6	0.7	0.8	0.9	1.0
U_0/V								

②在图 8 电路中,保持 $U_I = 10$ V 不变,改变负载电阻 R_L,观察 U_0 的变化规律,测定它的负载特性,将测量结果填入表 4。

表 4　测量结果

R_L/Ω								
U_0/V								

此处省略 CCVS 相关的实验步骤,同学们可以自行探索。

四、注意事项

(1)电源电压不应超过规定数值,以免损坏元件。

(2)如果实验中两组电源使用的是同一台稳压电源,又出现正接地、负也接地的现象,则需要平衡输出电源,即稳压电源内部正、负端均不能接地,否则稳压电源内部会接地短路从而损坏仪器。

五、实验仪器

(1)直流稳压电源 1 台。

(2)万用表 1 块。

(3)实验箱 1 台。

六、预习要求

(1)预习受控源的有关知识。

(2)了解本次实验目的、具体内容及要求,完成预习报告。

七、报告要求

(1)整理实验数据,分别绘出四种受控源的转移特性和负载特性曲线,并求出相应的转移函数。

(2)对实验的结果做出合理的分析,得出结论,总结对四类受控源的认识和理解及实验的体会。

(3)回答下列思考题:

①受控源和独立源有何异同?

②受控源的控制特性是否适用于交流信号?

③试比较四种受控源的代号、电路模型、控制量与被控制量之间的关系。

④四种受控源中的 μ、g_m、r_m 和 α 的意义是什么?如何测得?

⑤若令受控源的控制量极性反向,试问其输出量极性是否发生变化?

2.7 叠加定理和戴维南定理

一、实验目的

(1)加深对叠加定理的理解。

(2)加深对线性电路中戴维南定理的理解。

(3)学习线性有源一端口网络等效电路参数的测量方法。

二、实验原理

1. 叠加定理

在几个独立源共同作用下的线性网络中,通过每一支路的电流或任一元件上的电压,可以看成是由每一个独立源单独作用时,在该支路或该元件上产生的电流或电压的代数和(叠加)。

对叠加定理要有正确的理解:

(1)它只适用于线性网络。如果网络中有非线性元件,则不能用叠加定理解决问题。

(2)线性网络中各电源不受其他电源(或网络)的控制,即各电源是独立源。

(3)当一个电源单独作用时,认为其他电源电压为零。即电压源短路,电流源开路。

由此还可以推理:在线性电路中,当其激励信号(即独立电源)增大 K 倍或减小到 $1/K$ 时,电路的响应(即在电路中各个元件上的电压或电流)也将增大 K 倍或减小到 $1/K$。

2. 戴维南定理

任何一个线性含源一端口网络,对外电路来说都可以用一条有源支路来等效替代,该有源支路的电动势 E 等于含源一端口网络的开路电压 U_{oc}，其电阻等于含源一端口网络化为无源网络(即该网络中所有独立电源为零，电压源短路，电流源开路)后的输入电阻 R_{eq}。有源一端口戴维南等效电路如图 1 所示。

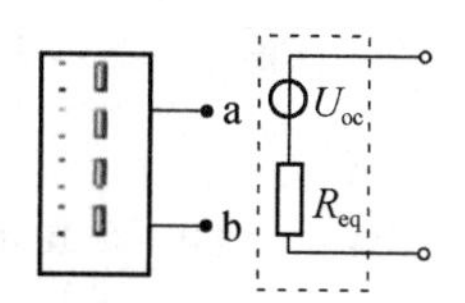

图 1　有源一端口戴维南等效电路

(1)开路电压的测量方法。

①直接测量法。当有源二端网络的等效内阻 R_{eq} 与电压表内阻 R_V 相比可以忽略不计时，可以直接用电压表测量开路电压。

②补偿法。补偿法测量电路如图 2 所示，E 为高精度标准电压源，R 为标准分压电阻箱，G 为高精度检流计。调节电阻箱的分压比，c、d 两端的电压随之改变，当 $U_{cd}=U_{ab}$ 时，流过检流计 G 的电流为零，因此

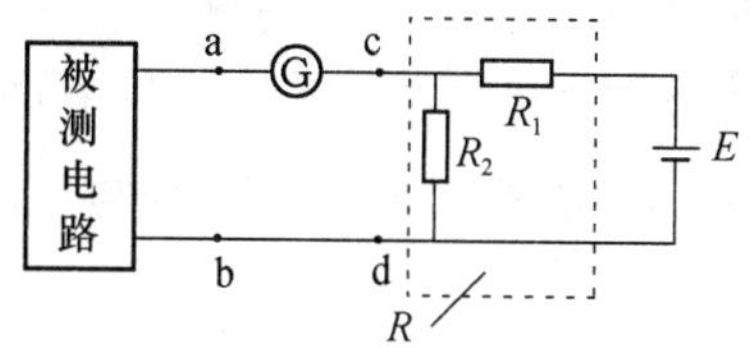

图 2　补偿法测量电路

$$U_{cd}=U_{ab}=E\frac{R_2}{R_1+R_2}=KE$$

式中，K 为电阻箱的分压比，$K=\frac{R_2}{R_1+R_2}$。根据标准电压 E 和分压比 K 就可以求得开路电压 U_{oc}。因为电路平衡时 $I_G=0$，不消耗电能，所以此方法测量精度较高。

③零示法。在测量具有高内阻有源二端网络的开路电压时，用电压表进行直接测量会造成较大的误差，为了消除电压表内阻的影响，往往采用零示法测量，零示法测量电路如图 3 所示。零示法测量原理是一低内阻的稳压电源与被测有源二端网络进行比较，当稳压电源输出电压与有源二端网络的开路电压相等时，电压表的读数将为 0，然后将电路断开，测量此时稳压电源的输出电压，即为被测有源网络的开路电压。

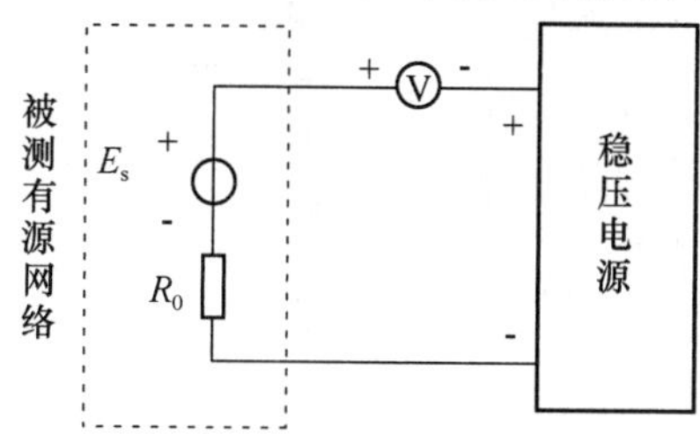

图 3　零示法测量电路

(2)等效电阻 R_{eq} 的测量方法。

对于已知的线性有源一端口网络,其输入端等效电阻 R_{eq} 可以从原网络计算得出,也可以通过实验测出,下面介绍几种测量方法。

①将有源二端口网络中的独立电源去除,在 ab 端外加一已知电压 U,测量端口的总电流 I,则等效电阻 $R_{eq}=U/I$。

实际的电压源和电流源都具有一定的内阻,它并不能与电源本身分开,因此在去掉电源的同时,也把电源内部的内阻去掉了,无法将电源内阻保留下来,这将影响到测量精度,因而这种方法只适用于电压源内阻较小和电流源内阻较大的情况。

②测量 ab 端的开路电压 U_{oc} 及短路电流 I_{sc},则等效电阻 $R_{eq}=U_{oc}/I_{sc}$。

这种方法适用于 ab 端等效电阻较大而短路电流不超过额定值的情形,否则如果二端网络的内阻很小,将其输出端口短路,则有损坏其内部元件及电源的危险。

③两次电压测量法。测量电路如图 4 所示,第一次测量有源一端口网络的开路电压 U_{oc} 后,在端口处接一负载电阻 R_L,然后再测出负载电阻的端电压 U_{R_L},因为 $U_{R_L}=\frac{U_{oc}}{R_{eq}+R_L}R_L$,则输入端等效电阻为 $R_{eq}=\left(\frac{U_{oc}}{U_{R_L}}-1\right)R_L$。

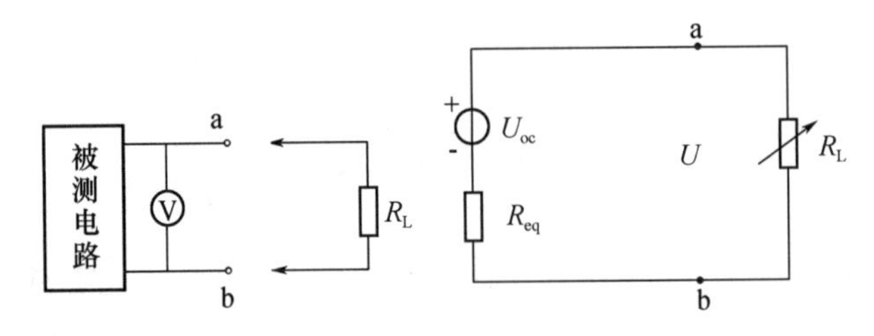

图 4　两次电压测量法电路

方法③克服了方法①和方法②的缺点和局限性,在实际测量中常被采用。

④半电压法测量 R_{eq}。如图 5 所示,当负载 R_L 上电压为被测网络开路电压的一半时,负载电阻(可由电阻箱的读数确定,也可以用万用表测得)即为被测有源二端网络的等效内阻值。

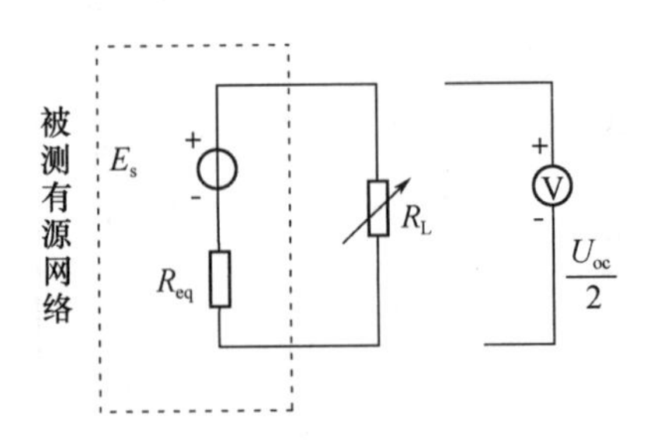

图 5　半电压法测量等效内阻

三、实验内容及步骤

1. 验证叠加定理

按图 6 接好电路，U_1、U_2 由稳压电源供给，其中 $U_1=8$ V，$U_2=3$ V。

（1）同时接通 U_1、U_2 的电源，测量 U_1、U_2 同时作用下各电阻元件两端电压。

（2）除去 U_2 电源，测量 U_1 单独作用时电阻元件两端的电压，将结果记入表 1。

（3）除去 U_1 电源，接上 U_2 电源，测量 U_2 单独作用时电阻元件两端的电压，将结果计入表 1。

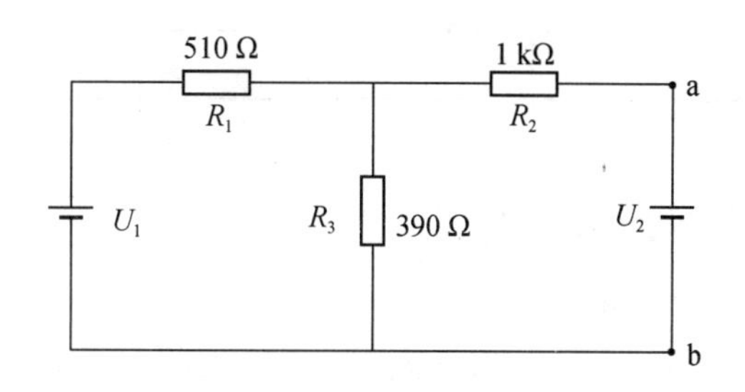

图 6　实验电路

表 1　测量结果

作用方法	U_{R_1}/V			U_{R_2}/V			U_{R_3}/V		
	测量值	计算值	相对误差	测量值	计算值	相对误差	测量值	计算值	相对误差
U_1、U_2 同时作用									
U_1 单独作用									
U_2 单独作用									

2. 验证戴维南定理

（1）利用图 6，留下 U_1 电源，除去 U_2 电源，让 ab 两端开路，试测量 ab 两端的戴维南等效电路的参数，与理论值比较，验证戴维南定理的正确性，并说明误差产生的原因。

采用直接测量法测定有源二端口网络的开路电压 U_{oc}，电压表内阻应远大于二端网络的等效电阻 R_{eq}。

采用以下两种测量方法测定有源二端网络的等效电阻 R_{eq}。

①采用补偿法测量。

首先利用上面测得的开路电压 U_{oc} 和预习计算出的 R_{eq} 估算网络的短路电流 I_{sc} 的大小，在 I_{sc} 不超过直流稳压电源电流的额定值和毫安表的最大量程的条件下，可直接测出短路电流，并将此短路电流 I_{sc} 数据填入表 2。

②采用零示法测量。

接通负载电阻 $R_L=200\ \Omega$，测出此时负载段电压 U_{R_L}，并记入表 2。

表 2　测量结果

测量项目	计算值	测量值	相对误差
U_{oc}/V			
U_{R_L}/V			
I_{sc}/A			
R_{eq}/Ω			

取 a、b 两侧测量的平均值作为 R_{eq}。

*(2)含受控源网络的等效电路。

图 7 是 NPN 晶体管构成的含受控源网络，ab 端为所求等效电路端。接好电路，先测 U_{oc}，然后按两次电压法测量等效电阻。测量等效电阻前，取下电阻 R_c，用万用表欧姆挡测量其实际阻值，再调节 R_L 使其等于 R_c 实际阻值，然后测量等效电阻，并列表记录，试分析 R_{eq} 是否等于 R_c 及误差产生的原因。画出戴维南等效电路。

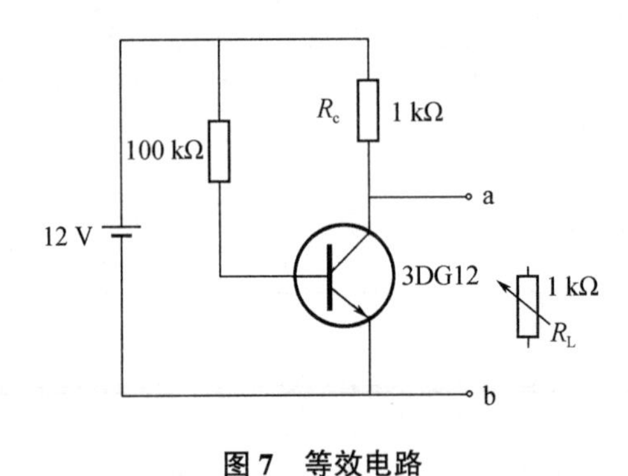

图 7　等效电路

四、注意事项

(1)实际电压源都有一定内阻，它并不能与电源本身分开，因此，在去掉电源的同时，电源的内阻也被去掉了，不能保留下来，这将影响测量精度。验证叠加定理时，这也是产生误差的原因之一。

(2)电路未连接完成或改接电路时，应关掉电源。

(3)电压源置零时不可将稳压源短接。

(4)用万电表测量 R_{eq} 时,电路中的独立源必须先置零,以免损坏万用表。

(5)测量时注意电流表量程的更换。

五、实验仪器

(1)直流稳压电源 1 台。

(2)万用表 1 块。

(3)实验箱 1 台。

六、预习要求

计算相应的理论值,完成预习报告。

七、报告要求

(1)利用表 1 测量结果验证叠加定理,并与理论计算值进行比较,求出其相对误差,分析误差产生的原因。

(2)利用表 2 的测量结果验证戴维南定理,并与理论计算值进行比较,求出其相对误差,分析误差产生的原因。画出戴维南等效电路。

(3)回答下列思考题:

①电路符合什么条件时叠加定理成立?

②能否用叠加定理计算线性电阻网络中各电阻的功率?并用实验所得结果进行说明。

③叠加定理验证电路中想使 U_1、U_2 分别单独作用,在实验中应如何操作?可否直接将不作用的电源(U_1 或 U_2)去掉?若将 U_2 改为电流源,如何验证叠加定理?

④若在实验电路中接入二极管,试问叠加原理与比例性还成立吗?说明原因。

⑤在求戴维南等效电路时,做短路实验测 I_{sc} 的条件是什么?

2.8　正弦交流电路中 R、L、C 元件的性能

一、实验目的

(1)用伏安法测定电阻(R)、电感(L)和电容(C)元件的交流阻抗及参数 R、L、C 的值。

(2)研究 R、L、C 元件阻抗随频率变化的关系。

(3)研究 R、L、C 并联电路中端电压与电流间的相位关系。

二、实验原理

1. R、L、C 元件的阻抗大小与频率的关系及测量

(1)对于电阻元件来说,在正弦交流电路中的伏安特性和直流电路并无太大区别,其相量关系为

$$\dot{U}=\dot{I}R$$

式中,$\dot{U}$ 和 $\dot{I}$ 分别为电压和电流相量,$\dot{U}=U\angle\varphi_u$,$\dot{I}=I\angle\varphi_i$。将它代入上式得:

有效值关系

$$U=IR$$

相位关系

$$\varphi_u=\varphi_i$$

由此可知,电阻元件两端电压符合欧姆定律,电流和电压是同相的,且电阻值和频率无关。

(2)电容元件的相量关系为

$$\dot{U}=\dot{I}Z_C$$

式中,电压相量 $\dot{U}=U\angle\varphi_u$;电流相量 $\dot{I}=I\angle\varphi_i$;$Z_C=\dfrac{1}{\mathrm{j}\omega C}$。将其代入上式得:

有效值关系

$$U=\frac{I}{\omega C}$$

相位关系

$$\varphi_i=\varphi_u+\frac{\pi}{2}$$

由此可知,电容器两端电压的幅度及电流幅值不仅与电容 C 的大小有关,而且与频率 f 的大小也有关。当电容 C 一定时,频率 f 越高,电容元件的阻抗 X_C 越小,在电压一定的情况下电流的幅值越大;反之,频率 f 越低,电容元件的阻抗 X_C 越大,流过电容的电流越小。电容元件具有高通低阻和隔断直流的作用。若 f 已知,则电容元件的电容为

$$C=\frac{1}{2\pi fX_C}$$

理想电容元件的特性是电流超前其端电压 90°。

(3)电感元件的相量关系为

$$\dot{U}=\dot{I}Z_L$$

式中,电压相量 $\dot{U}=U\angle\varphi_u$;电流相量 $\dot{I}=I\angle\varphi_i$;$Z_L=\mathrm{j}\omega L$。将其代入上式得:

有效值关系

$$U=\omega LI$$

相位关系

$$\varphi_u=\varphi_i+\frac{\pi}{2}$$

由此可知,电感 L 的阻抗 X_L 是频率的函数,频率 f 越高,电感元件的阻抗(简称感抗)X_L 越大,在电压一定的情况下,流过电感的电流越小;反之,频率 f 越低,感抗 X_L 越小,流过电感的电流越大。因此电感元件具有低通高阻的性质。若 f 已知,则电感元件的电感为

$$L=\frac{X_L}{2\pi f}$$

理想电感元件的特性是电流落后其端电压 90°。

2. *RLC* 并联电路中总电流和分电流的关系

图 1 为 *RLC* 并联电路,其中 r 为电感的绕线电阻。根据基尔霍夫电流定律有

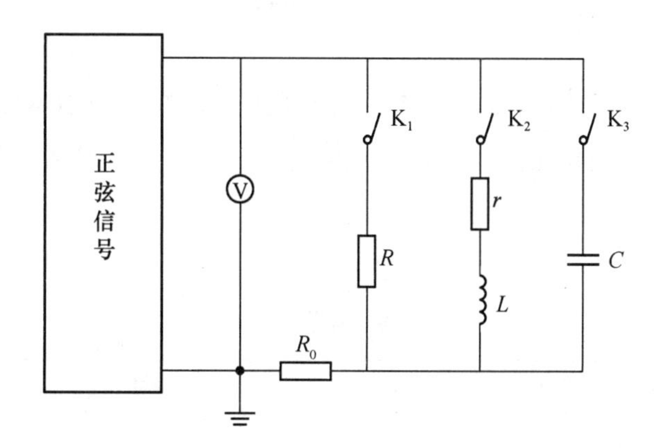

图 1 *RLC* 并联电路

$$\dot{I}=\dot{I}_R+\dot{I}_L+\dot{I}_C$$

式中,$\dot{I}_R=\dfrac{\dot{U}}{R}$;$\dot{I}_L=\dfrac{\dot{U}}{r+\mathrm{j}\omega L}$;$\dot{I}_C=\mathrm{j}\omega C\dot{U}$。所以

$$\dot{I}=\left(\frac{1}{R}+\frac{1}{r+\mathrm{j}\omega L}+\mathrm{j}\omega C\right)\dot{U}$$

上式说明总电流相量 I 是各支路电流 I_R、I_L、I_C 相量的代数和。

对于上面各式中的电压可以用毫伏表测量，那么电流该如何测量呢？既不能用万用表测量，又不能用普通的交流电流表测量，因为它们的测试频率很低，所以对电流 I 的测量只能采用间接的方法去测量。由于对纯电阻来讲，电流和电压是同相的。如果将被测元件与一纯电阻串联，由于它们的电流相同，因此只要测出纯电阻 R_0 上的电压 U，那么流过这个串联支路的电流 I 就可以利用公式 $I=U/R_0$ 求得。在上面的电路中，通过测 R_0 上的电压来求得流过被测元件的电流，因此 R_0 被称为电流取样电阻。需要注意的是，为了不对被测电路产生影响，R_0 的阻值应远小于被测元件的阻抗。

三、实验内容及步骤

(1)按图 2 组装实验电路，其中 $R=820\ \Omega, L=8.2\ \mathrm{mH}, C=0.1\ \mu\mathrm{F}, R_0=10\ \Omega$。

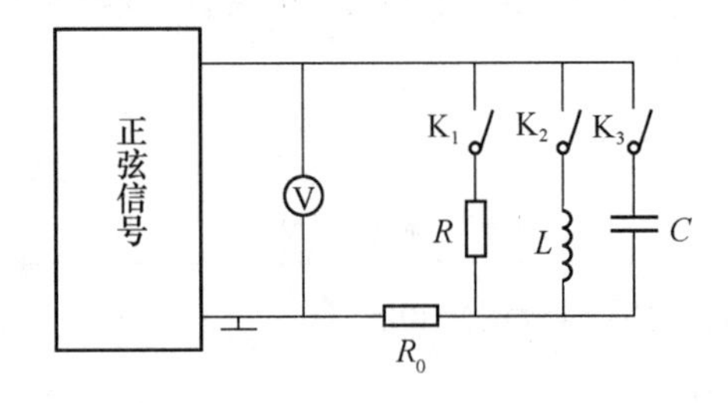

图 2　实验电路

将正弦信号发生器的输入电压(有效值)调到 2 V，频率为 10 kHz，分别闭合开关 K_1、K_2、K_3，测量各支路的电流 I_R、I_L、I_C 及总电流 I；将测量结果记录在表 1 内，并与理论值比较，分析误差。

表 1　测量结果

	测量项目	计算值	测量值	误差
支路电流	I_R/A			
	I_L/A			
	I_C/A			
总电流 I/A				

注：电流测量采用间接测量方法，用毫伏表测量 $R_0=10\ \Omega$ 上的电压(或者直接从示波器上读 R_0 上电压的有效值)，然后换算成电流。

(2)用双踪示波器观察图 2 在开关 K_1、K_2、K_3 分别闭合时，R、L、C 元件的电压和电流的相位关系，用坐标纸描绘观察到的图形，分析 R、L、C 元件的相位关系。

*(3)测量 R、L、C 元件阻抗与频率的关系。实验电路如图 2 所示,保持信号源幅度不变,按要求测量不同频率下的 R、X_L、X_C,并将测量结果填入表 2。

表 2　测量结果

频率		500 Hz	1 kHz	5 kHz	10 kHz	20 kHz
R	U_R/V					
	U_{R_0}/V					
	R/Ω					
L	U_L/V					
	U_{R_0}/V					
	X_L/Ω					
C	U_C/V					
	U_{R_0}/V					
	X_C/Ω					

四、注意事项

每次改变开关 K 的状态,都必须重新调节函数发生器的输出电压,使其始终保持在 2 V。

五、实验仪器

(1)函数信号发生器 1 台。
(2)数字示波器 1 台。
(3)万用表 1 块。
(4)实验箱 1 台。
(5)交流毫伏表 1 块。

六、预习要求

结合理论教材的有关内容,了解电阻、电感、电容的测定方法;了解两个信号相位差的测量原理及测量方法;完成预习报告。

七、报告要求

(1)整理测量结果,分别列表、绘图表示。说明 R、L、C 元件在交流电路中的性能。

(2)根据实验结果,在方格纸上分别绘制 R、L、C 三个元件的阻抗频率特性曲线,说明各元件的阻抗与哪些因素有关。

(3)对实验内容及步骤中的第一步内容进行分析,从理论上说明总电流与各支路电流的关系。

(4)记录本次实验的体会。

2.9 串联谐振电路

一、实验目的

(1)研究串联谐振电路发生的条件和特征,了解电路参数对谐振特性的影响。

(2)学习测定 RLC 串联谐振电路幅频特性曲线的方法,加深理解电路的"选频"特性。

(3)理解品质因数 Q 的含义。

二、实验原理

1. 谐振条件

由电感和电容元件串联组成的 RLC 串联电路如图 1 所示。该电路的等效阻抗

$$Z = R + \mathrm{j}(\omega L - 1/\omega C)$$

是电源频率的函数。

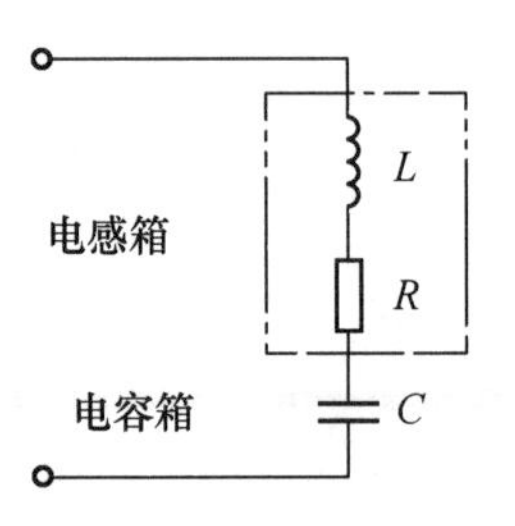

图 1　RLC 串联电路

当该网络发生谐振时,其端口电压与电流同相位。即

$$\omega L - 1/\omega C = 0$$

得到谐振角频率,$\omega_0 = 1/\sqrt{LC}$。定义谐振时的感抗 ωL 或容抗 $1/\omega C$ 为特性阻抗 ρ,特性阻抗 ρ 与电阻 R 的比值为品质因数 Q,即

$$Q=\frac{\rho}{R}=\frac{\omega_0 L}{R}=\frac{\sqrt{\frac{L}{C}}}{R}$$

显然,谐振频率仅与元件 L、C 的值有关,而与电阻 R 和激励电源的角频率 ω 无关。当 $\omega<\omega_0$ 时,电路呈容性,阻抗角 $\varphi<0$;当 $\omega>\omega_0$ 时,电路呈感性,阻抗角 $\varphi>0$。

2. 电路处于谐振状态时的特性

(1)由于电路总电抗 $X_0=\omega_0 L-1/\omega_0 C=0$,因此,电路阻抗 $|Z_0|$ 为最小值,整个回路相当于一个纯电阻电路,激励电源的电压与回路的响应电流同相位。

(2)由于感抗 $\omega_0 L$ 与容抗 $1/\omega_0 C$ 相等,所以电感上的电压 U_L 与电容上的电压 U_C 数值相等,相位相差 180°,电感上的电压(或电容上的电压)与激励电压之比称为品质因数 Q,即谐振时,电路的阻抗最小。

在谐振时,由于电流最大,L 和 C 上的端电压大小相等并相互抵消,但是各自的电压值却很大。特别是当电路有效电阻 R 很小时,L 和 C 上的谐振电压可能是外加电压 U_s 的很多倍。因此,串联谐振也称为电压谐振,可利用这一谐振特性,从众多频率不同的信号中选出频率为 f_0 的信号。电路有效电阻 R 越小,L 和 C 上的谐振电压 U_{L0}、U_{C0} 与外加电压 U_s 的比值越大,电路的选频性能越好。当端口电压 U 一定时,电路电流达到最大值(图 2),该值大小仅与电阻的阻值有关,与电感和电容的值无关;谐振时电感电压与电容电压有效值相等,相位相反;电抗电压为零,电阻电压等于总电压,电感或电容电压是总电压的 Q 倍,即

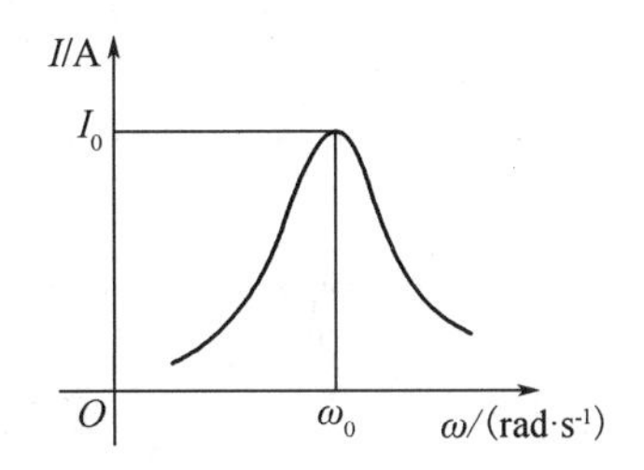

图 2　串联谐振电路的电流

$$Q=\frac{U_L}{U_s}=\frac{U_C}{U_s}=\frac{\omega_0 L}{R}=\frac{1}{\omega_0 CR}=\frac{1}{R}\sqrt{\frac{L}{C}}$$

$$U_R=U_s,\quad U_L=U_C=QU_s$$

在 L 和 C 为定值的条件下,Q 值仅取决于电阻 R 的大小。电阻 R 越小,Q 值越大;反之,电阻 R 越大,Q 值越小。

3. 串联谐振电路的频率特性

(1)R、L、C 串联电路的电流是电源频率的函数,即

$$I(\omega)=\frac{U}{|Z(\mathrm{j}\omega)|}=\frac{U}{\sqrt{R^2+\left(\omega L+\frac{1}{\omega C}\right)^2}}$$

$$= \frac{\frac{U}{R}}{\sqrt{1 + Q^2\left(\frac{\omega}{\omega_0} - \frac{\omega_0}{\omega}\right)^2}} = \frac{I_0}{\sqrt{1 + Q^2\left(\frac{\omega}{\omega_0} - \frac{\omega_0}{\omega}\right)^2}}$$

在电路的 L、C 和信号源电压 U_s 不变的情况下,R 值不同得到的 Q 值也不同。对应不同 Q 值的电流幅频特性曲线如图 3(a)所示。为了研究电路参数对谐振特性的影响,通常采用通用谐振曲线。对上式两边同除以 I_0 进行归一化处理,得到通用频率特性

$$\frac{I}{I_0} = \frac{1}{\sqrt{1 + Q^2\left(\frac{\omega}{\omega_0} - \frac{\omega_0}{\omega}\right)^2}}$$

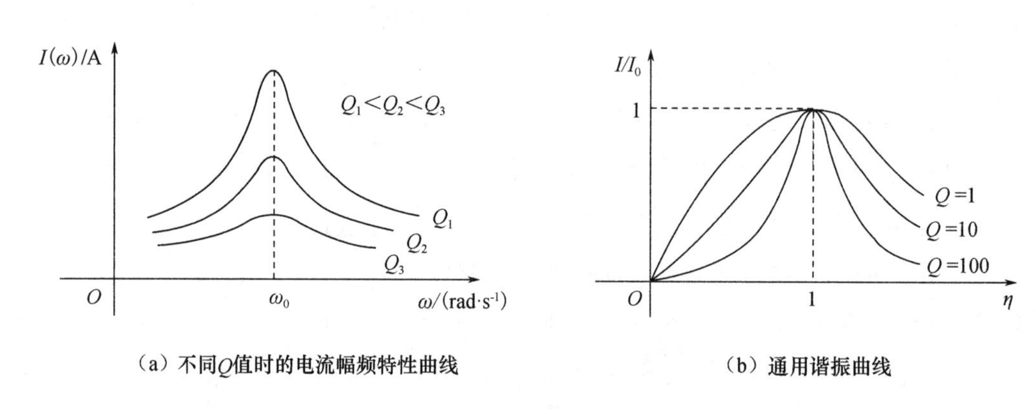

(a) 不同Q值时的电流幅频特性曲线　　(b) 通用谐振曲线

图 3　*RLC* 串联谐振电路的特性曲线

与此对应的曲线称为通用谐振曲线(图 3(b)),该曲线的形状只与 Q 值有关。Q 值相同的任何 RLC 串联谐振电路都只有一条曲线与之对应。

(2)通用谐振曲线的形状越尖锐,表明电路的选频性能越好。也就是说,回路的品质因数 Q 越大,在一定的频率偏移下,$\frac{I}{I_0}$下降越快,电路的选择性就越好。为了衡量谐振电路对不同频率的选择能力,引入通频带概念,定义通用谐振曲线幅值从峰值下降至峰值的 0.707 倍时对应的频率为截止频率 ω_C。幅值大于峰值的 0.707 倍所对应的频率范围称为通带宽。为了衡量谐振电路对不同频率的选择能力,定义幅频特性中幅值比下降到峰值的$\frac{1}{\sqrt{2}}=0.707$ 倍时的两个频率 ω_1、ω_2 叫作-3 dB 频率。这两个频率的差为通频带 BW,即 $BW=\omega_2-\omega_1$。显然,Q 值越大,通频带越窄,电路选择性越好。且 $BW=\omega_2-\omega_1=R/L$,故电路参数决定了 BW。

(3)激励电压与相应电流的相位差角 φ 和激励电源角频率 ω 的关系为相频特性,即

$$\varphi(\omega)=\arctan\frac{\omega L-\dfrac{1}{\omega C}}{R}=\arctan\frac{X}{R}$$

显然，当电源频率 ω 从 0 变为 ω_0、电抗 X 由 $-\infty$ 变为 0 时，φ 从 $-\frac{\pi}{2}$ 变为 0，电路为容性。当 ω 从 ω_0 变为 ∞ 时，电抗 X 由 0 变为 ∞，φ 从 0 变为 $\frac{\pi}{2}$，电路为感性。相角 φ 与 $\frac{\omega}{\omega_0}$ 的关系称为通用相频特性，曲线如图 4 所示。

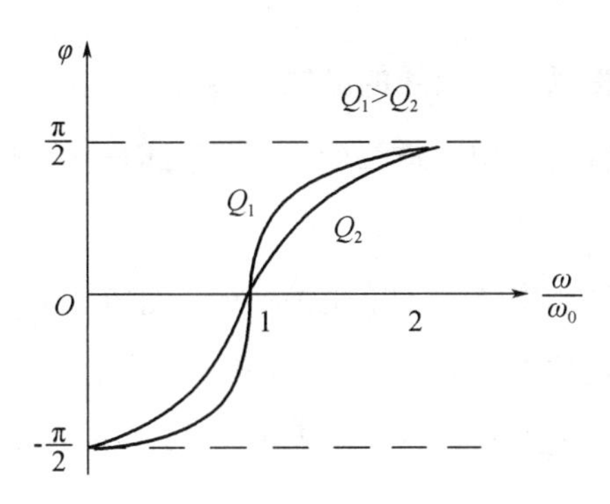

图 4　*RLC* 串联谐振电路的相频特性

谐振电路的幅频特性和相频特性是衡量电路特性的重要标志。

4. 串联谐振电路中，电感和电容的电压

串联谐振电路中，电感和电容的电压分别为：

电感电压

$$U_L=\frac{X_L}{R}U_{\mathrm{i}}=QU_{\mathrm{i}}$$

电容电压

$$U_C=\frac{X_C}{R}U_{\mathrm{i}}=QU_{\mathrm{i}}$$

显然，U_L 和 U_C 都是激励源角频率 ω 的函数，当 $Q>0.707$ 时，U_C 和 U_L 才能出现峰值，并且 U_C 的峰值出现在 $\omega=\omega_C<\omega_0$ 处，U_L 的峰值出现在 $\omega=\omega_L>\omega_0$ 处。Q 值越高，出现峰值离 ω_0 越近。由于电路谐振时，电感及电容上电压幅值为输入电压幅值的 Q 倍。若 $\omega_0 L=\frac{1}{\omega_0}C$ 远大于电阻 R，则品质因素 Q 远大于 1。在这种情况下，电感及电容上的电压就会远远超过输入电压。这种现象在无线电通信中获得了广泛的应用，而在电力系统中则应极力设法避免。

对于 Q 的测量，可以依据公式 $Q=\frac{U_L}{U_i}=\frac{U_C}{U_i}$来测量，如图 5 所示。

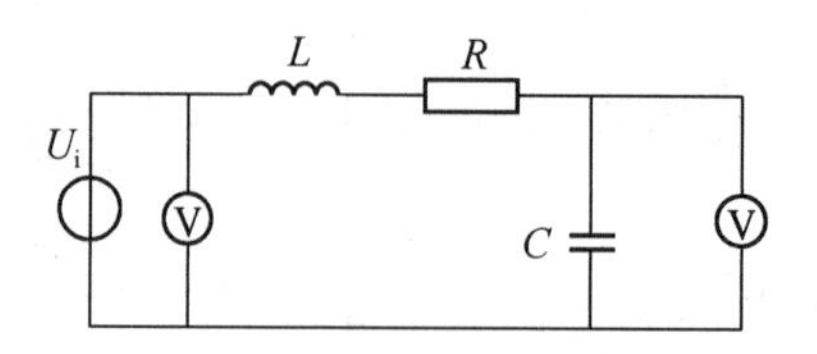

图 5　*RLC* 串联谐振测量电路

5. 频率特性曲线和相频特性曲线的测试

频率特性曲线的测试可采用逐点描绘法（也称逐步法）测试，也可用频率特性图示仪（扫频仪）直接观察。

逐步法测试是严格按频率特性的定义进行的。如在测试转移电压比时是由频率可变的信号源输出幅度恒定的电压 U_i，将它加至被测网络的输入端，选择一定数目的测试频率点，在网络的输出端用毫伏表测量输出电压，然后计算输出电压与输入电压的比值，并绘出幅频特性曲线。

相频特性曲线的测试是用双踪示波器测出输入与输出电压的相位差，当改变信号频率时，两者相位差也随之改变，由此可绘出相频率特性曲线。

逐步法的优点是可用常用的简单仪器进行测试，但测试一条特性曲线需取的频率点一般在 10 个以上，测试时间长；而且由于测试时间长，同时要更换频率的波段，测量仪器的不稳定会造成测试数据不准确，因此所得频率特性只能是近似的。

扫频仪是一种测试频率特性的专用仪器，它能用示波管直接显示被测网络的频率特性曲线。但扫频仪显示的图形是电路的幅频特性，一般没有显示相频特性的能力。

三、实验内容及步骤

（1）测量 *RLC* 串联电路响应电压的幅频特性曲线。

①实验电路如图 5 所示。图中 $L=0.1\ \text{H}$，$C=0.1\ \mu\text{F}$，$R=10\ \Omega$。计算 $f_0=\frac{1}{2\pi\sqrt{LC}}$，用交流毫伏表接在 R 两端，观察 U_R 大小，然后调整输入电源的频率，使电路达到串联谐振，观察到当 U_R 最大时电路发生谐振，此时的频率即为 f_0。

②测定电路的幅频特性。保持其 $U_i=3\ \text{V}$（有效值），以 f_0 为中心，调节正弦信号发生器频率为 100~5 000 Hz，在 f_0 两旁各选择几个测试点，注意观察 U_L、U_C、U_R 的变化情况，并将结果记录于表 1，试分析其原因。

表 1　测量结果

f/Hz				f_0				
U_L/V								
U_C/V								
U_R/V								

③在上述条件下，R 更换为 100 Ω 电阻，即改变电路 Q 值，重复上述实验，记录于自拟表格中。

(2)测定电路的相频特性。

仍保持 $U_i=3$ V(有效值)，$L=0.1$ H，$C=0.1$ μF，$R=10$ Ω。以 f_0 为中心，调节正弦信号发生器频率为 100~5 000 Hz，在 f_0 两边各选择几个测试点，通过示波器上显示的电压和电流波形测量出每个测试点电压与电流之间的相位差 $\varphi=\varphi_u-\varphi_i$，数据表格自拟。

四、注意事项

(1)每次改变信号电源的频率后，注意调节输出电压(有效值)使其保持定值。

(2)实验前应根据所选元件数值，计算出谐振频率 f_0 和 $R=100$ Ω 时的 ω_0、ω_C、ω_L 值。

(3)正弦信号发生器上电压的读数仅作参考，须用交流毫伏表测量其输出电压。

(4)在测量电压时，要注意毫伏表量程的改变。

五、实验仪器

(1)函数信号发生器 1 台。

(2)数字示波器 1 台。

(3)万用表 1 块。

(4)实验箱 1 台。

(5)交流毫伏表 1 台。

六、预习要求

结合理论教材的有关内容，了解串联谐振的条件及特征；了解怎样用实验的方法去判断一个电路是否处于谐振状态；完成预习报告。

七、报告要求

(1)根据实验数据，分别列表并绘制不同 Q 值的幅频特性曲线和相频特性曲线，从曲线中找出f_1、f_0、f_2、ω_L、ω_0，与计算值进行比较，并进行简略分析（计算电流I_0，注意L不是理想电感，本身有电阻，而且当信号的频率较高时电感线圈有集肤效应，电阻值会有所增加，可先测量出U_C、U_s，求出Q值，然后根据已知的L、C算出总电阻）。

(2)通过实验总结RLC串联谐振电路的主要特点及用哪些实验方法可以判断电路是否处于谐振状态。

(3)RLC串联电路发生谐振时，是否有$U_2=U_1$和$U_C=U_L$？若关系式不成立（或近似），试分析其原因。

(4)绘制两组参数的I-f电流谐振曲线，电流可以通过公式$I=U/R$计算得出。

(5)绘制第一组参数的X_C-f、X_L-f电抗频率特性曲线，通过电抗频率特性曲线求出品质因数，并与理论值相比较。

2.10 三相电路电压与电流的测量

一、实验目的

(1)学习三相负载的连接方法。

(2)验证星形和三角形连接下，三相电路中的线电压与相电压、线电流与相电流之间的关系。

(3)了解负载中性点位移的概念及中线的作用。

(4)了解相序的判断方法。

二、实验原理

三相负载的基本连接方法有星形与三角形两种。对于星形连接，按其有无中线又可分为三线制和四线制。

当电源与负载都对称时，在星形连接的三相电路中，$I_{线}=I_{相}$，$U_{线}=\sqrt{3}U_{相}$；而在三角形连接的三相电路中，$U_{线}=U_{相}$，$I_{线}=\sqrt{3}I_{相}$。负载不对称、无中线时，将出现中性点位移现象，中性点位移后，各相负载电压不对称；有中线且中线阻抗足够小时，各相负载电压仍对称，但这时的中线电流不为0。中线的作用就是使星形连接的不对称负载的相电压对称。在实际电路中，为了保证负载的相电压对称，中线不应断开。

在三相四线制情况下，中线电流等于三个线电流的相量和，当电源与负载都对称时，中线电流应等于0；电源或负载不对称时，中线电流不为0。

三相电源的相序有正序和逆序之分，如果U_A比U_B超前$2\pi/3$，U_B比U_C超前

$2\pi/3$，则 A、B、C 的相序为正序；反之则 A、B、C 的相序为逆序。

三、实验内容及步骤

(1)用图 1 所示相序器电路测定相序。实验所用的相序器为无中线星形不对称负载，相序器的其中一相为 2.2 μF 的电容，另外两相为功率相同的灯泡。把三端分别接到三条火线上，根据灯泡的明暗程度判定电源的相序。

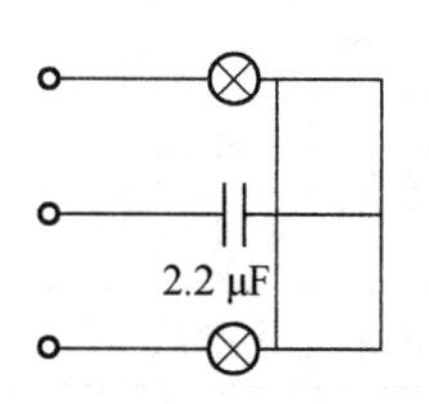

图 1　相序器电路

理解中性点位移原理。由理论分析可知，灯泡较亮的一相相位超前于灯泡较暗的一相，而滞后于接电容的一相。这样就测出了三相电源的相序。所测三相电源相序为：假设接电容的一相为 A 相，那么灯泡较亮的一相就为 B 相，灯泡较暗的一相就为 C 相。

注意事项：

①相序 A、B、C 是相对的，任何一相都可作为 A 相；但 A 相确定后，B 相和 C 相也就确定了。

②当负载为三相电动机，涉及电动机的转动方向时，必须知道三相电源的相序，但本实验可不必按相序进行接线。

(2)按图 2 所示电路测量负载做星形连接时的线电压、相电压、中线电压、相电流与中线电流，并研究各种不同情况下这些电路变量之间的关系。测量项目由表 1 给出。

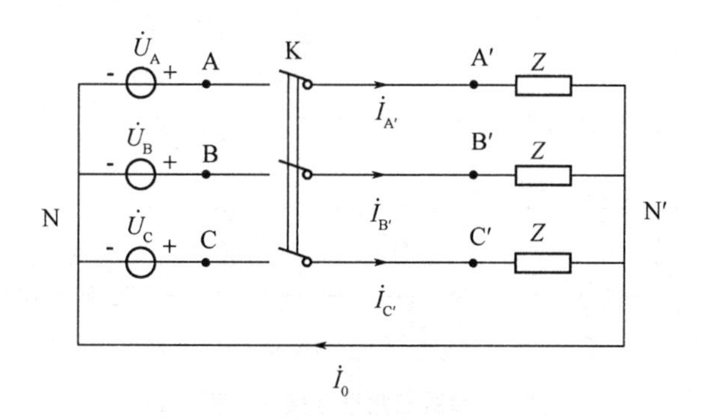

图 2　星形连接三相电路

表 1　负载星形连接的测量数据

测量项目		$U_{A'B'}$	$U_{B'C'}$	$U_{C'A'}$	$U_{A'N'}$	$U_{B'N'}$	$U_{C'N'}$	$I_{A'}$	$I_{B'}$	$I_{C'}$	I_0
负载对称	有中线										
	无中线										

续表 1

测量项目		$U_{A'B'}$	$U_{B'C'}$	$U_{C'A'}$	$U_{A'N'}$	$U_{B'N'}$	$U_{C'N'}$	$I_{A'}$	$I_{B'}$	$I_{C'}$	I_0
负载不对称	有中线										
	无中线										
断线	有中线										
	无中线										
短路	无中线										

注意：

①实验室提供的三相电源是对称的，线电压为 220 V。由白炽灯组成三相负载，如图 2 所示，通过调整白炽灯数目使负载对称或不对称。

②断线时，为保证安全，应直接从电源端断开。短路为某相负载短路，切记不能有中线，否则将把电源短路。

③由于在三相电路中，当负载星形连接时，不论是三线制还是四线制，相电流都恒等于线电流，因此在图 2 的电路中只测量线电流。

④在星形连接负载不对称时，注意白炽灯亮度的变化。

(3)按图 3 所示电路测量负载为三角形连接时的线电流与相电流。研究各种不同情况下这些电路变量之间的关系。测量项目由表 2 给出。

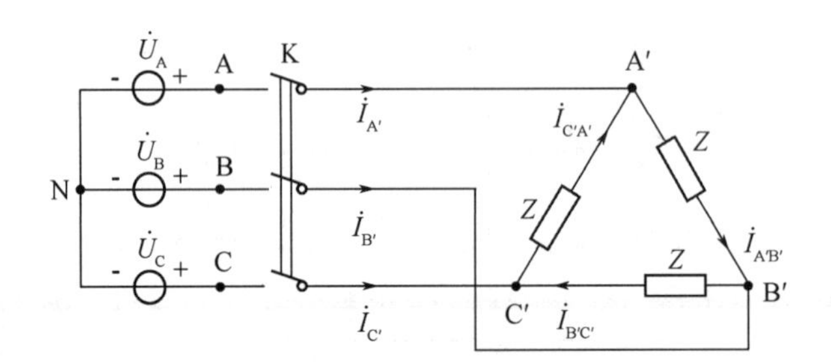

图 3　负载三角形连接的三相电路

表 2　负载三角形连接的测量数据

测量项目	$I_{A'}$	$I_{B'}$	$I_{C'}$	$I_{A'B'}$	$I_{B'C'}$	$I_{C'A'}$
对称负载						
不对称负载						
A′B′相断线						
CC′相断线						

注意：

①由于负载三角形连接时，线电压等于相电压，所以只测试线电流和相电流。

②为防止短路，连线时应先把负载和电流插座串联起来，电流插座可按红黑—红黑—红黑顺序串接，再从三个红接线柱或三个黑接线柱引出三根线接到电源上。

四、注意事项

(1) 由于电压较高，因此每次更换电路接线之前必须切断电源。

(2) 为防止烧坏灯泡，电源线电压应降至 220 V。

(3) 为了防止短接电源，星形负载做一相短路实验时不可有中线。三角形负载不做一相短路实验。

五、实验仪器

(1) 函数信号发生器 1 台。

(2) 数字示波器 1 台。

(3) 万用表 1 块。

(4) 实验箱 1 台。

(5) 交流毫伏表 1 台。

六、预习要求

结合理论教材的有关内容，复习三相交流电路的有关知识；完成预习报告。

七、报告要求

(1) 整理实验数据，验证不同连接下和不同负载下线电压与相电压、线电流与相电流的关系。

(2) 根据实验数据，说明在三相四线制中中线所起的作用。

(3) 回答下列思考题：

①负载星形连接时，中线的作用是什么？中线上是否允许安装保险丝？

②在星形连接负载不对称、有中线时，各灯泡亮度是否一致？断开中线后各灯泡亮度是否一致？为什么？

2.11　二阶动态电路暂态过程的研究

一、实验目的

(1)学习使用示波器观察和分析 RLC 串联电路与矩形脉冲接通的暂态过程。

(2)观察二阶电路的三种过渡状态,即非振荡、振荡和临界状态。利用波形,计算二阶电路暂态过程的有关参数。

二、实验原理

将 RLC 串联电路接至信号源,根据接线画出实际的电路图,二阶电路原理图如图 1 所示。

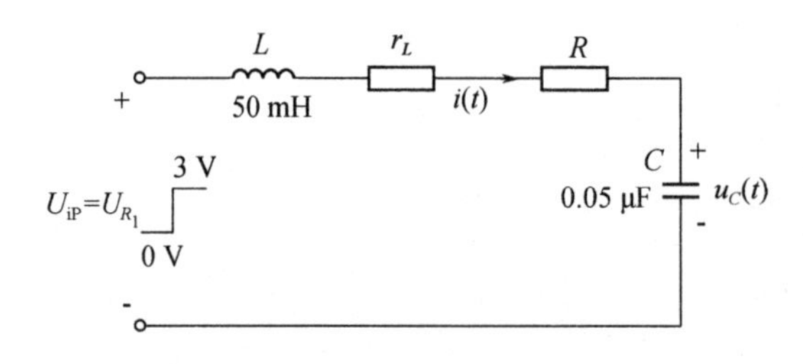

图 1　二阶电路原理图

当 $R>2\sqrt{\frac{L}{C}}$ 时,电路处于非振荡状态,也称为过阻尼状态;当 $R<2\sqrt{\frac{L}{C}}$ 时,电路处于振荡状态,也称为欠阻尼状态;当 $R=2\sqrt{\frac{L}{C}}$ 时,电路处于临界状态。当 $R<2\sqrt{\frac{L}{C}}$ 时,衰减系数 $\delta=\frac{R}{2L}$,$\omega_0=\frac{1}{\sqrt{LC}}$是在 $R=0$ 情况下的振荡角频率,称为无阻尼振荡电路的固有角频率。在 $R\neq0$ 时,RLC 串联电路的固有振荡角频率 $\omega'=\sqrt{\omega_0^2-\delta^2}$ 将随 $\delta=\frac{R}{2L}$的增大而减小。振荡角频率 ω'可以通过示波器观测电容电压 $U_C(t)$ 的波形求得,$\omega'=2\pi\frac{n}{T}$,n 为周期 T 时间内振荡的次数。

三、实验内容及步骤

(1)调节信号源并用示波器观察,使之输出方波。方波幅值为 3 V,频率 $f=500$ Hz。

(2)将 RLC 串联电路接至信号源,根据接线画出实际电路图。调定电感箱电感 L(一般取 400 mH)、电容箱电容 C 和电阻箱电阻 R,使 $R>2\sqrt{\frac{L}{C}}$,用示波器观察 $u_s(t)$ 的波形及非振荡状态的 $U_C(t)$、$U_R(t)$、$U_L(t)$ 的波形并依次用坐标纸绘出。

提示:电路图中 R、L、C 为可调阻抗;绘制坐标图时,绘出 1.5~2 个周期的波形即可;在波形图旁标出 R、L、C 的取值。

(3)调定电感箱电感 L(一般取 400 mH)、电容箱电容 C 和电阻箱电阻 R,使 $R<2\sqrt{\frac{L}{C}}$。使用示波器观察振荡状态的 $U_C(t)$、$U_R(t)$、$U_L(t)$ 的波形,尽量使振荡频率高一些,即在周期 T 时间内振荡次数 n 较多,绘出此时 $U_C(t)$、$U_R(t)$、$U_L(t)$ 的波形。固定电感和电容值,在保证电路一直处于振荡状态的前提下,调节电阻值,用示波器进行观察,再绘出两种 $U_C(t)$ 的波形。比较三种情况下 $U_C(t)$ 的波形,对于每种情况,记录对应的参数,计算衰减系数和振荡频率(按公式 $\omega'=\sqrt{\omega_0^2-\delta^2}$ 及 $\omega'=2\pi\frac{n}{T}$ 分别计算 ω' 的值)。将观测结果和计算结果、理论值进行比较并讨论。

提示:在实验的操作中,为了看到比较明显的振荡波形,电容 C 的值应取一个较小的值(如 0.001 μF),并在观察示波器的同时适当调节电阻 R 的值。

四、注意事项

(1)示波器和信号源要正确接地。

(2)在测量电阻值时,将电位器从电路中分离后方可测量。临界状态的阻值应预先计算,根据计算值调整电阻值后再装入电路,如波形不属于临界状态,则调节电位器值,使波形处于临界状态。

五、实验仪器

(1)函数信号发生器 1 台。

(2)数字示波器 1 台。

(3)万用表 1 块。

(4)实验箱 1 台。

(5)交流毫伏表 1 台。

六、预习要求

学习电路教材中的相应内容;预习本次实验内容,完成预习报告。

七、报告要求

(1)根据观测结果,在方格纸上描绘二阶电路过阻尼、临界阻尼和欠阻尼的响应波形。

(2)结合元件参数的改变,对响应变化趋势的影响加以分析讨论。

(3)回答下列思考题:

①如果输入信号的角频率等于网络的固有频率,那么是否会存在正弦稳态响应?

②当 $R+r_L \gg 2\sqrt{\frac{L}{C}}$(过阻尼)时,输入为不等于固有频率的正弦信号,其响应是否仍为正弦?

③如果矩形脉冲的频率提高(如 2 kHz),所观察到的波形仍然是零输入响应和零状态响应吗?

2.12 功率因数提高的实验

一、实验目的

(1)了解日光灯的组成和工作原理。

(2)研究正弦稳态交流电路中电压、电流相量之间的关系。

(3)了解提高电路功率因数的意义。

(4)设计交流电路中的补偿电容器。

(5)学会利用三表法测定镇流器等效参数。

二、实验原理

(1)本次实验所用的负载是日光灯。日光灯管 A 内壁涂有荧光粉,管内充有惰性气体和少量水银。管两端各有一组灯丝电极,灯丝加热后会发射电子。整个实验电路由灯管、镇流器和启辉器组成,如图 1 所示。镇流器 L 是一个带铁芯的电感线圈,在电路起限流、降压作用。启辉器 S 中有一个辉光放电管和一个并联小电容。辉光放电管内有一个由两个不同热膨胀系数的金属片黏合在一起的弯曲的热敏开关。小电容 C 和热敏开关、灯管都是并联的,C 可消除

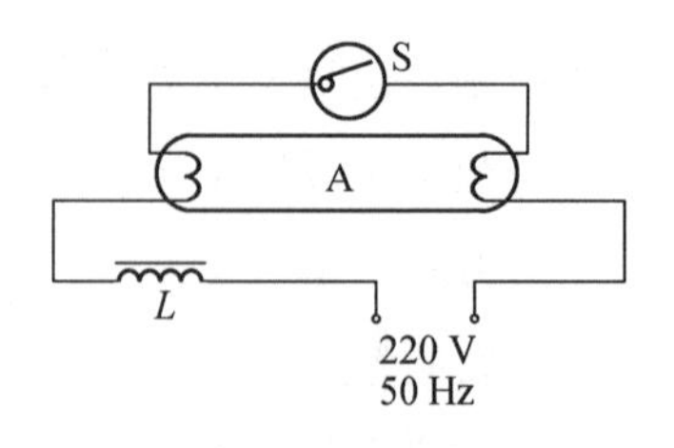

图 1 实验电路

开关火花和灯管产生的无线电干扰。

当电源开关接通时,热敏开关是断开的,220 V 交流电几乎全部加在启辉器上,其管内产生强电场使辉光放电,弯曲的双金属被加热,于是热膨胀使热敏开关闭合。这时启辉器辉光熄灭,同时灯丝发热而发射热电子。发射出的热电子使灯管内水银气化并处于电离状态。双金属片很快冷却,热敏开关断开,镇流器中电流突变,产生高压使灯管中气体放电而导通。紫外线激励灯管内壁的荧光粉,发出柔和的可见光。灯管导通后的电压远小于启辉器辉光放电的电压,所以启辉器保持断开状态。

由于镇流器是一个铁芯线圈,因此日光灯是一个感性负载,功率因数较低,可以采用并联电容的方法提高整个电路的功率因数。其电路如图 2 所示。选取适当的电容值使容性电流等于感性的无功电流,从而使整个电路的总电流减小。电路的功率因数将会接近于 1。功率因数提高后,电源更容易得到充分利用,还可以降低线路的损耗,从而提高传输效率。

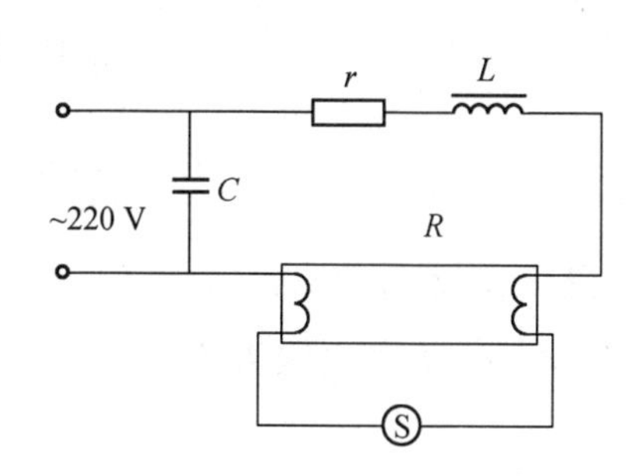

图 2　并联电容后的电路

(2)功率因数补偿和补偿电容器的计算。

图 2 所示日光灯电路可以等效为一个 R_L 负载。日光灯管可视为纯电阻,镇流器是铁芯线圈。电感很大,而直流电阻很小。将电源加入日光灯电路,设电压为 U、电流为 I,则可知它消耗的有功功率为

$$P = \int_0^t ui\mathrm{d}t \tag{1}$$

代入

$$u = \sqrt{2}\sin \omega t,\quad i = I\sqrt{2}\sin(\omega t - \varphi) \tag{2}$$

可以得到

$$P = UI\cos \varphi = UI_0 \tag{3}$$

功率的有效电流是 I_0,而实际流入电流是 I,I 比 I_0 大得多。这就要求电源有供大电流的能力,而且大电流在外线路中流动,增大损耗功率。

$\cos \varphi$ 称为功率因数。当功率因数为 1 时,$I=I_0$,外线路电流最小,全为有功电流。电厂最理想的情况就是功率因数为 1。

对感性负载,提高功率因数的方法是在负载上并联一个大小适当的电容器 C(称为补偿电容器),即电容的无功电流去补偿电感的无功电流,使外线路电流(既电路的总电流)减小。

由图 3 的电流相量关系，可求得补偿电容的大小。

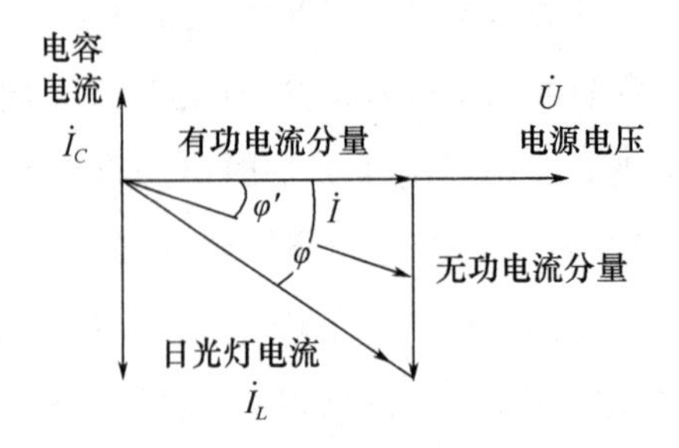

图 3　电容补偿前后的电流相量

$$C = \frac{I_C}{\omega U} = \frac{P}{2\pi f U^2}(\tan\varphi - \tan\varphi') \tag{4}$$

(3)镇流器等效参数的测定。

图 4 为日光灯电压相量三角形，其中 U_A 为灯管端电压，U_L 为镇流器端电压，U 为电源电压。

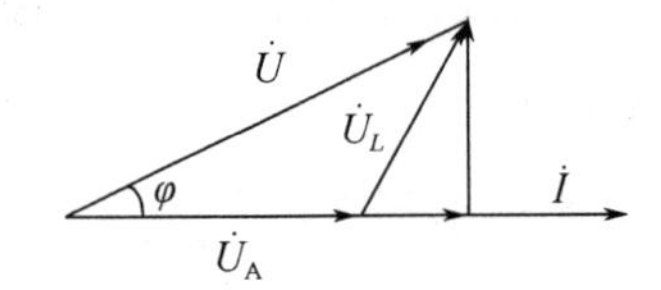

图 4　日光灯电压相量三角形

由相量可知：

镇流器电感等效阻抗

$$X_L = \frac{U\sin\varphi}{I} \tag{5}$$

镇流器等效电感

$$L = \frac{U\sin\varphi}{2\pi f I} \tag{6}$$

镇流器等效电阻

$$R = \frac{U\cos\varphi - U_A}{I} \tag{7}$$

三、实验内容及步骤

(1)按图 5 接完线，老师检查后，方可通电进行实验(图中 TB 代表变压器)。

(2)接通电源，断开电容，记下此时的 P 及 I，并用万用表测量 U 及 U_R，记入表 1 中。

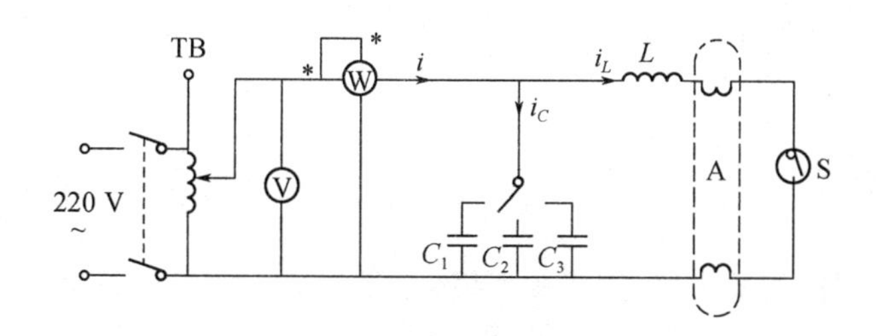

图 5　实验电路

(3)接通电容,逐渐增大电容,在其分别为 1 μF、2 μF、3 μF、4 μF、5 μF、6 μF、8 μF、10 μF 时,测量不同情况下的 I 和 P。同样用万用表测量不同电容时的 U_R、U_L、U_C。

表 1　测量数据

电容值 /μF	测量值						cos φ
	U	I	U_R	U_L	U_C	P	
0							
1							
2							
3							
4							
5							
6							
8							
10							

四、注意事项

(1)在整个实验过程中应保持电源电压不变。

(2)做实验时不要接触电容,以免电容放电发生触电事故。

五、实验仪器

(1)函数信号发生器 1 台。

(2)数字示波器 1 台。

(3)万用表 1 块。

(4)实验箱 1 台。

(5)交流毫伏表1台。

(6)40 W日光灯组件1套。

六、预习要求

结合理论教材的有关内容,完成预习报告。

七、报告要求

(1)计算并入及未并入电容时的功率因数,填入表格,进行必要的误差分析。

(2)根据实验数据,分别绘制出电压、电流相量图,验证相量形式的基尔霍夫定律。

(3)讨论提高电路功率因数的意义和方法。

(4)连接日光灯线路的心得体会。

(5)回答下列思考题:

①绘制 $I=F(C)$ 曲线,并说明并联电容是否越多越好?为什么?

②当 C 改变时,电压表的读数及日光灯支路的电流是否改变?为什么?

③在日常生活中,当日光灯缺少了启辉器时,人们常用一根导线将启辉器的两端短接一下,然后迅速断开,使日光灯点亮;或用一只启辉器点亮多只同类型的日光灯。这是什么原理?

④为了提高电路的功率因数,常在感性负载上并联电容器,此时增加了一条电流支路,试问电路的总电流是增大还是减小?此时感性元件上的电流和功率是否改变?

⑤提高电路功率因数为什么只采用并联电容器法而不用串联法?所并联的电容器是否越大越好?

⑥如果日光灯点亮后,灯管两端发红而不能正常导通,可能是什么原因导致的?

2.13 耦合电感的研究

一、实验目的

(1)测定耦合电感线圈的同名端与互感系数。

(2)测定次级回路负载对初级回路负载的影响。

二、实验原理

发生互感的两个线圈,其感应电压的同名极性根据线圈绕向的不同而不同。对已经制成的互感器件,在使用时必须分清同极性端(即同名端),否则有可能导致连线错误。这种错误轻则导致错误的结果,重则烧毁互感器件。

用直流断通法判定同名端电路如图 1 所示(图中 M 为互感系数)。

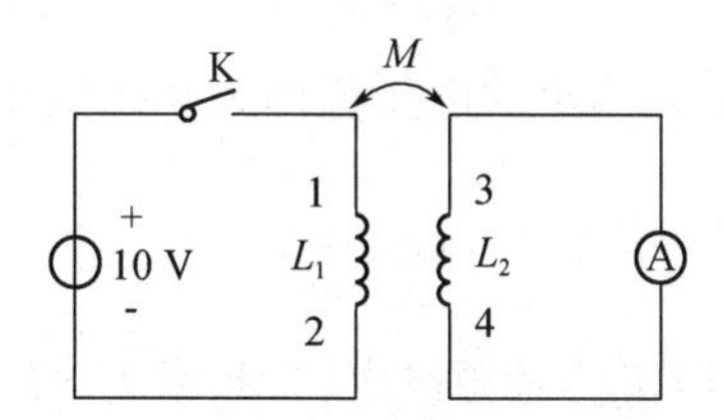

图 1　直流断通法判定同名端电路

在开关接通的瞬间,若电流表指针正向偏转,则电源的正极与电流表的正极为同名端。互感电势法测定互感系数电路如图 2 所示。当电压表内阻足够大时,测出的电压值即为互感电压 U_2。

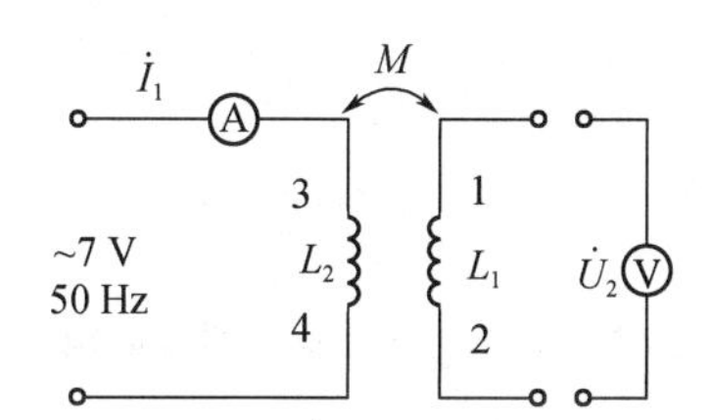

图 2　互感电势法测定互感系数电路

由公式 $U_2 = \omega M I_1$ 得互感系数为

$$M = \frac{U_2}{\omega I_1}$$

耦合电感中,副边对原边的影响是通过 $\dot{I}_2$(副边电流,图中省略)对原边的感应作用而引入的,若副边开路,负载阻抗 $|Z|$ 趋于无穷大,副边对原边的影响就不存在了。副边短路时可通过计算原边的等效阻抗分析副边对原边的影响。

三、实验内容和步骤

(1)直流断通法判定同名端。

电路如图 1 所示,在互感箱 1-2 端接直流电压源,3-4 端接指针式直流电流表。在开关闭合的瞬间,若电流表指针正向偏转,则电源的正极与电流表的正极为同名端;若如电流表指针反向偏转,则电源的负极与电流表的正极为同名端。

(2)互感电势法测定互感系数 M。

电路如图 2 所示,实验台的互感箱里是两个相互耦合的线圈。

当在 3-4 端加正弦电压时,在 1-2 端即可产生互感电压

$$\dot{U}_{20} = \mathrm{j}\omega M\dot{I}_1$$

当电压表内阻足够大时,可认为测出的电压值即为互感电压 U_2,由计算可得互感系数

$$M = \frac{U_2}{\omega I_1}$$

实验中所用 7 V 交流电压由信号源产生,其频率为 50 Hz。

(3)等效电感法测互感系数电路如图 3 所示。在耦合电感串接方式分别为正、反串时,测量 P、U_{AB}、I,填入表 1。确认功率表和电流表的量程,记录与之对应的内阻,计算相应的值(其中 $R=\frac{R}{I^2}$)。

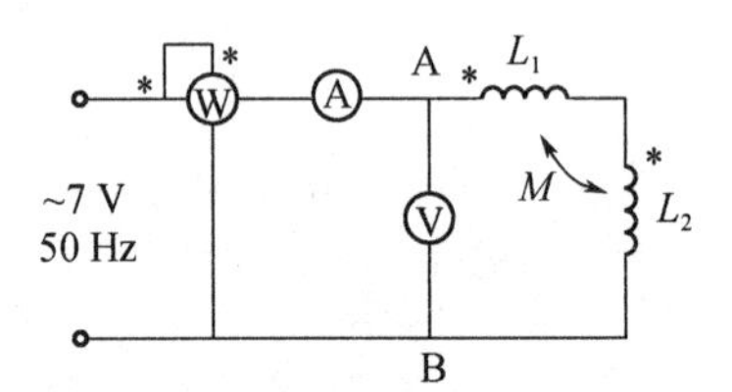

图 3　等效电感法测互感系数电路

表 1　测量数据

串接方式	测量			记录		计算		
正串								
反串								

(4)观察次级回路负载对初级回路的影响。

互感实验电路如图 4 所示,图中 CH1 和 CH2 指示波器通道,分别在下列两种情况下用示波器观察初级电压和电流的波形:

①次级短路。

②次级开路。

为了用示波器观测电流波形,在初级电路中串联一个电阻箱,阻值为 10 Ω。用示波器同时观测双路波形时,应注意两路信号的共地问题。

适当地调节示波器的 TIME/DIV 旋钮及两个通道的 VOLTS/DIV 旋钮,将在次级短

路和次级开路两种情况下观察到的波形画出并进行比较,分析次级负载对初级负载的影响。

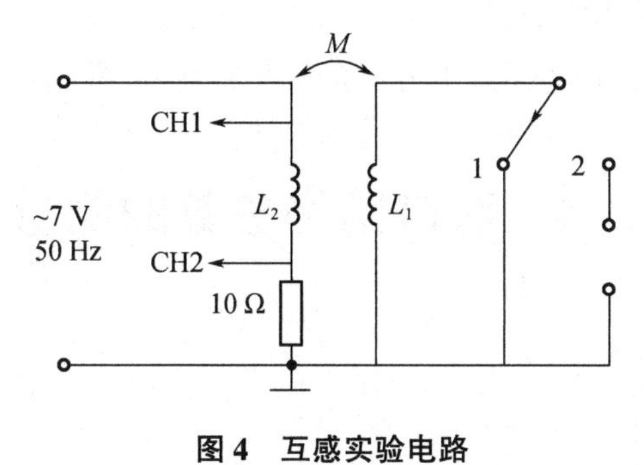

图 4　互感实验电路

四、注意事项

(1)为防止线圈因电流过大而烧毁,要求流过 L_1、L_2 的电流不超过 1 A。

(2)在用直流法判断同名端时,直流电源不可频繁开关,以免损坏。

(3)用交流电源时,应先将调压器调到零位置,然后打开电源开关,再逐渐调高电压直至规定值。实验结束后,调压器应调回零位,然后关掉电源。

五、实验仪器

(1)函数信号发生器 1 台。

(2)数字示波器 1 台。

(3)万用表 1 块。

(4)实验箱 1 台。

(5)交流毫伏表 1 台。

(6)直流稳压电源 1 台。

(7)功率表 1 块。

(8)互感箱 1 台。

六、预习要求

(1)复习实验中所用到的相关定理、定律和有关概念,领会其基本要点。

(2)根据实验电路计算所要求测试的数据的理论值,填入表中。

七、报告要求

(1)总结互感线圈同名端、互感系数的测定方法。

(2)根据实验现象,定性总结影响互感的因素有哪些,并给出合理解释。

2.14　双口网络参数的测量

一、实验目的

(1)学习测量无源性双口网络的参数的方法。

(2)研究双口网络及其等效电路在有负载情况下的性能。

(3)学习测量双口网络的输入及输出阻抗

二、实验原理

一个网络 N,具有一个输入端口和一个输出端口,网络由集总、线性、时不变元件构成,其内部不含独立电源(可以含有受控源)且初始条件为零,则该网络称为双口网络,如图 1 所示。

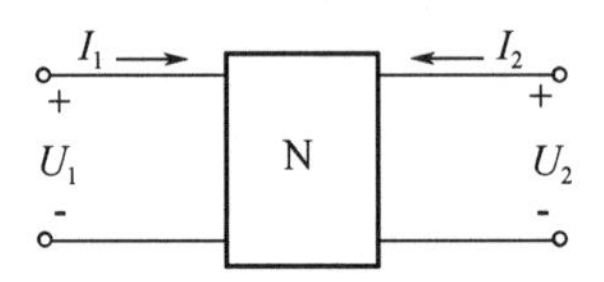

图 1　双口网络

因为电压、电流容易测量,且根据端口特性的不同,有的端口只能是压控,有的端口只能是流控,有的端口既是压控又是流控,因此,一般而言,用不同的激励来表示响应有以下表达式。

1. 阻抗参数 $Z(S)$

$$\begin{bmatrix} U_1(S) \\ U_2(S) \end{bmatrix} = \begin{bmatrix} Z_{11}(S) & Z_{12}(S) \\ Z_{21}(S) & Z_{22}(S) \end{bmatrix} \begin{bmatrix} I_1(S) \\ I_2(S) \end{bmatrix} \tag{1}$$

互易条件:$Z_{12}(S)=Z_{21}(S)$。

2. 导纳参数 $Y(S)$

$$\begin{bmatrix} I_1 \\ I_2 \end{bmatrix} = \begin{bmatrix} Y_{11} & Y_{12} \\ Y_{21} & Y_{22} \end{bmatrix} \begin{bmatrix} U_1 \\ U_2 \end{bmatrix} \tag{2}$$

互易条件：$Y_{12}=Y_{21}$。

3. 混合参数 $H(S)$

$$\begin{bmatrix} U_1 \\ I_2 \end{bmatrix} = \begin{bmatrix} h_{11} & h_{12} \\ h_{21} & h_{22} \end{bmatrix} \begin{bmatrix} I_1 \\ U_2 \end{bmatrix} \tag{3}$$

互易条件：$h_{12}=-h_{21}$。

混合参数的另一种表达方式为

$$\begin{bmatrix} I_1 \\ U_2 \end{bmatrix} = \begin{bmatrix} g_{11} & g_{12} \\ g_{21} & g_{22} \end{bmatrix} \begin{bmatrix} U_1 \\ I_2 \end{bmatrix} \tag{4}$$

互易条件：$g_{12}=-g_{21}$。

4. 传输参数

$$\begin{bmatrix} U_1 \\ I_1 \end{bmatrix} = \begin{bmatrix} A & B \\ C & D \end{bmatrix} \begin{bmatrix} U_2 \\ -I_2 \end{bmatrix} \tag{5}$$

互易条件：$AD-BC=1$。

传输参数的另一种表达方式为

$$\begin{bmatrix} U_2 \\ I_2 \end{bmatrix} = \begin{bmatrix} A' & B' \\ C' & D' \end{bmatrix} \begin{bmatrix} U_1 \\ -I_1 \end{bmatrix} \tag{6}$$

互易条件：$A'D'-B'C'=1$。

常用的为式(1)～(3)和式(5)，一个双口网络根据给定的条件的不同，会采用不同的参数表示双口。$Z(S)$主要用于电阻网络；$Y(S)$主要用于高频电路；$H(S)$主要用于低频电路；传输参数主要用于通信系统和电子系统。

三、实验内容和步骤

(1)按图1所示接好电路。将无源双口网络的手柄置于“3”挡。在两个测量端口电流处串接电流插座，只在测量端口电流时才把电流表串入电路。接线时应注意开关上的连线，了解开关位置所对应的电路工作状态。保持端口电压有效值为1 V，按表1所列项目进行测量，将数据记录于表1，计算Z、Y、H、T的值。然后打开开关K_2，闭合开关K_3，接入负载Z_L，测量$\dot{U}_1$及$\dot{I}_1$的值，计算输入阻抗

$$Z_{in}=\frac{\dot{U}_1}{\dot{I}_1}$$

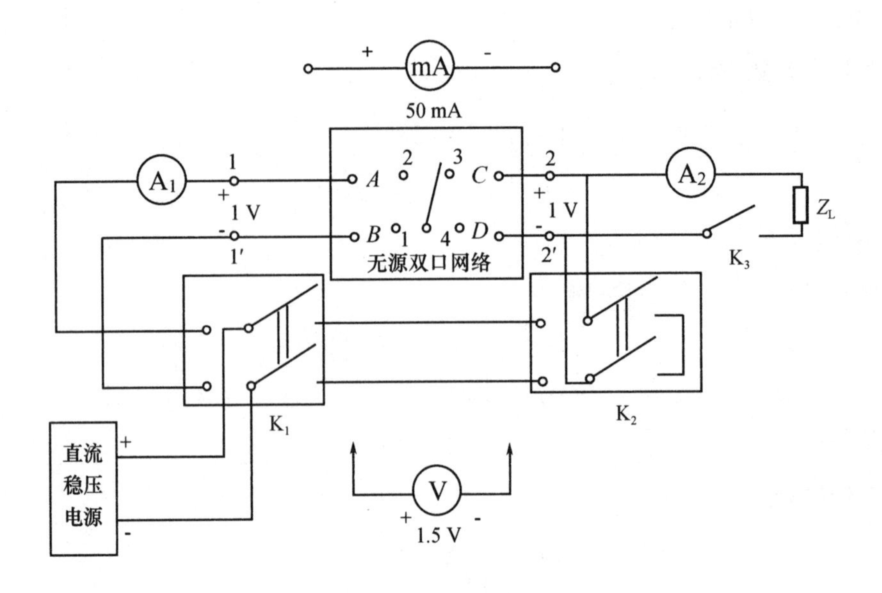

图 2　无源双口网络实验电路

表 1　测量数据

<table>
<tr><td colspan="6">测量值</td><td colspan="4">计算值</td></tr>
<tr><td colspan="3" rowspan="2">$\dot{I}_1=0$</td><td colspan="3" rowspan="2">$\dot{I}_2=0$</td><td>Z_{11}</td><td>Z_{12}</td><td>Z_{21}</td><td>Z_{22}</td></tr>
<tr><td></td><td></td><td></td><td></td></tr>
<tr><td>$\dot{U}_1$</td><td>$\dot{U}_2$</td><td>$\dot{I}_2$</td><td>$\dot{U}_1$</td><td>$\dot{U}_2$</td><td>$\dot{I}_1$</td><td>Y_{11}</td><td>Y_{12}</td><td>Y_{21}</td><td>Y_{22}</td></tr>
<tr><td></td><td></td><td></td><td></td><td></td><td></td><td></td><td></td><td></td><td></td></tr>
<tr><td colspan="3" rowspan="2">$\dot{U}_1=0$</td><td colspan="3" rowspan="2">$\dot{U}_2=0$</td><td>A</td><td>B</td><td>C</td><td>D</td></tr>
<tr><td></td><td></td><td></td><td></td></tr>
<tr><td>$\dot{U}_2$</td><td>$\dot{I}_1$</td><td>$\dot{I}_2$</td><td>$\dot{U}_1$</td><td>$\dot{I}_1$</td><td>$\dot{I}_2$</td><td>H_{11}</td><td>H_{12}</td><td>H_{21}</td><td>H_{22}</td></tr>
<tr><td></td><td></td><td></td><td></td><td></td><td></td><td></td><td></td><td></td><td></td></tr>
</table>

(2)验证双口网络的 T 型等效电路。

①用步骤(1)中测得的 T 参数,计算 T 型等效电路的三个参数 Z_1、Z_2、Z_3。然后用电阻箱取三个参数的近似值,组成 T 型等效电路。再对 T 型等效电路按表 2 所列项目进行测量,并将数据记录于表 2,计算 H 参数。

将表 1 与表 2 中计算的二端口网络的 H 参数进行比较。

表 2　测量数据

<table>
<tr><th rowspan="2">H 参数</th><th colspan="3">$\dot{U}_2=0$</th><th colspan="3">$\dot{I}_1=0$</th><th rowspan="2">H_{11}</th><th rowspan="2">H_{12}</th><th rowspan="2">H_{21}</th><th rowspan="2">H_{22}</th></tr>
<tr><th>$\dot{U}_1$</th><th>$\dot{I}_1$</th><th>$\dot{I}_2$</th><th>$\dot{U}_1$</th><th>$\dot{I}_2$</th><th>$\dot{U}_2$</th></tr>
<tr><td></td><td></td><td></td><td></td><td></td><td></td><td></td><td></td><td></td><td></td><td></td></tr>
</table>

②测量 T 型等效电路接有负载($Z_L=600\ \Omega$)时的输入阻抗 Z_{in}。

四、注意事项

(1)保持实验过程中端口电压不变。

(2)改接电路时,必须断开电源。

五、实验仪器

(1)直流稳压电源 1 台。

(2)万用表 1 块。

(3)实验箱 1 台。

六、预习要求

(1)复习实验中所用到的相关定理、定律和有关概念,领会其基本要点。

(2)根据实验电路计算要求测试的理论数据,填入表中。

(3)写出完整的预习报告。

七、报告要求

(1)总结双端网络参数的测定方法。

(2)回答下列思考题:

①二端口网络的参数为什么与外加电压和电流无关?

②从测得的参数矩阵判别本实验研究的网络是否具有互易性。

(3)记录本次实验的体会。

第 3 章　设计性实验

3.1　等 效 变 换

一、设计目的

(1)了解电源的伏安特性。

(2)掌握电压源、电流源等效替换的条件与方法。

(3)验证戴维宁定理

二、设计任务

(1)已知一个实际电压源,其电源空载电压为 14 V,正常工作时提供 50 mA 电流,此时电源电压为 12 V,试设计一个电流源,使负载能够正常工作。

(2)已知一含源(既有电压源,又有电流源)线性二端网络,将其等效为一个电压源,并用 Multisim 仿真。

三、设计原理

为了简化电路的分析和计算,经常将电路中的某一部分用另一种电路来等效替换。等效替换前后,对其余部分电路来说,其电压与电流不变。通过电压源和电流源的等效替换及戴维宁定理来加深对等效概念的理解,从而可以利用各种等效替换手段简化电路的分析与计算。

1. 有源二端网络开路电压的测量

(1)当有源二端网络输入端等效电阻 R_0 与电压表内阻相比可以忽略时,可以直接利用电压表测量其开路电压,这种方法称为直接测量法。

(2)当有源二端网络输入端等效电阻 R_0 与电压表内阻相比不可以忽略时,不宜用直接测量法,可采用补偿法。

补偿法测开路电压如图 1 所示。

该方法是用一低内阻的稳压电源与被测有源二端网络进行比较,当稳压电源的输

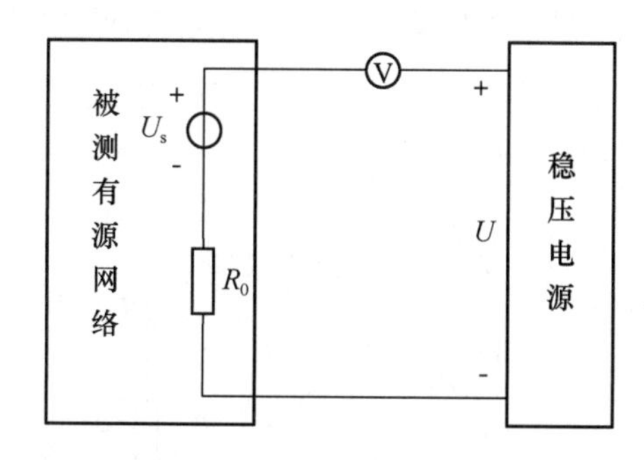

图 1　补偿法测开路电压

出与有源二端网络的开路电压相等时，电压表的读数为 0。断开电路，测量此时稳压电源的输出电压，即为被测有源二端网络的开路电压。此方法又称为“零示法”。

2. 电流源与电压源的等效变换

（1）按图 2 所示接线。图 2（a）所示电路中电流源的等效电路如图 2（b）所示。其中 I_s 为理想电流源电流；R_0 是外接电阻，作电源内阻；R_L 为可变电阻箱。图 2（b）中各项参数为参考值。

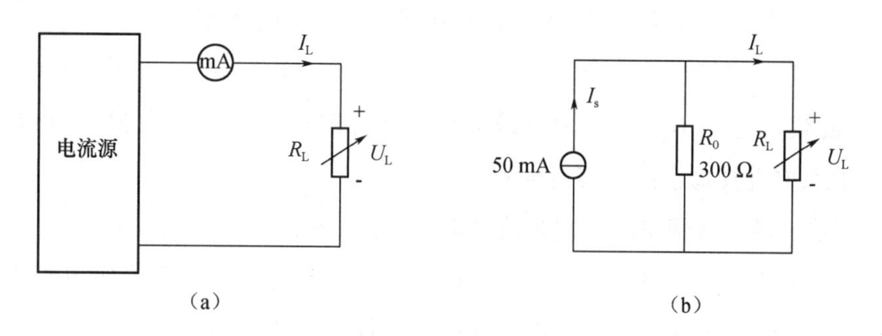

图 2　电流源

（2）测电流源的伏安特性。逐渐改变 R_L 的值，范围为 0~2 kΩ（间隔取 5 个点）。将不同 R_L 时的测量值 U_L 和 I_L 记入表 1。注意整个过程应保持 I_s 值不变。

表 1　测电流源、电压源的伏安特性

测量项目		测量值				
电流源	I_L/mA					
	U_L/V					
电压源	I_L/mA					
	U_L/V					

(3)电源的等效变换。根据电压源和电流源等效变换的条件,将图 2 所示的电流等效替换成图 3 所示的电压源,其参数为 $U_s = I_s R_0$,电源内阻仍为 R_0。

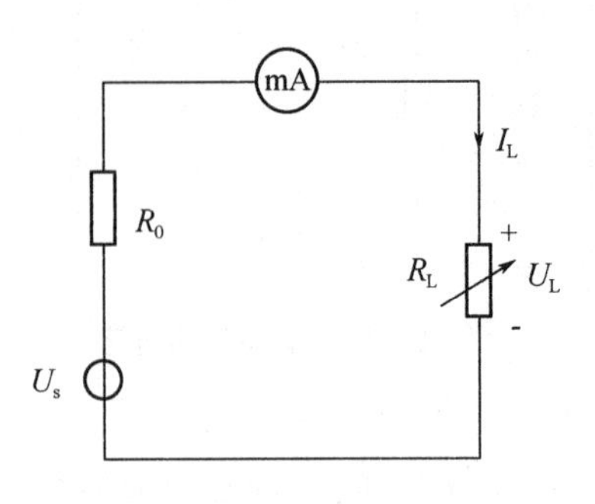

图 3　等效电压源

(4)测量等效电压源的伏安特性。改变 R_L 的值,将不同 R_L 时的测量值 U_L 和 I_L 记入表 1。

3. 验证戴维宁定理

(1)按设计的实验电路连接,调好电源电压,并用万用表校核。

(2)测定有源二端口网络 ab 端的外特性。调节负载电阻 R_L,在不同负载的情况下,测出相应负载端电压 U_{ab} 和流过负载的电流 I_{ab},记入表 2 中。数据中应包括 $R_L = 0(I_{abSC})$的值,并选择适当的电流表量程。

(3)测量有源二端网络的入端等效电阻 R_0,记入表 2。

(4)根据测得的 U_{ab0} 和 R_0 组成的有源二端网络等效电压源电路如图 4 所示。其中,$U_s = U_{ab0}$,为稳压电源的空载输出;R_0 用电阻箱代替。接入负载 R_L,改变 R_L 值,按步骤(2)的方法测出相应的负载电压和电流,记入表 2。

表 2　测 ab 有源二端网络和等效电压源的外特性

测量项目		测量值				
有源二端网络 ab 端外特性	U_{ab}/V					
	I_{ab}/mA					
等效电压源外特性 U_{ab0} = 、R_0 =	U_{ab}/V					
	I_{ab}/mA					

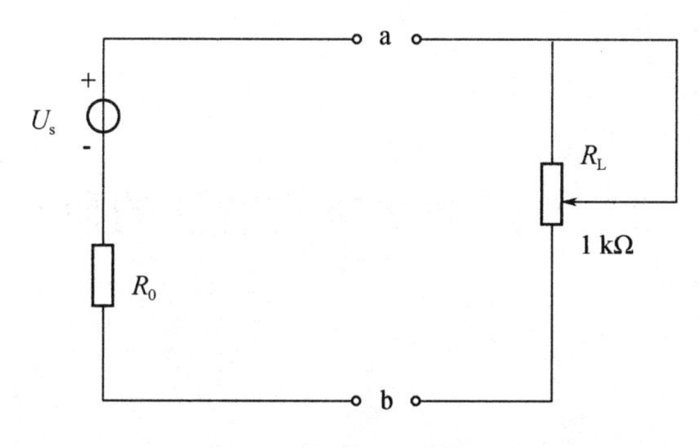

图 4　等效电压源电路

四、预习与思考

(1)预习教材中与电流源、电压源相关的内容。

(2)电压源与电流源等效变换的条件是什么?

(3)理想电压源与理想电流源是否可以等效变换?为什么?

(4)若含源网络不允许短路或开路时,如何使用其他方法测出其等效内阻 R_0?

五、报告要求

(1)实验目的。

(2)设计要求。

(3)电路设计。叙述工作原理,画出电路图,计算并确定元件参数。

(4)测试数据及分析。

①简述调试方式。

②记录测试数据。

③分析实验结果,得出相应结论。

(5)调试过程中所遇到的问题及解决方法。

(6)记录本次实验的体会。

六、实验设备及主要元器件

(1)直流稳压电源 1 台。

(2)函数信号发生器 1 台。

(3)数字示波器 1 台。

(4)万用表 1 块。

(5)实验箱 1 台。

(6)其余元件见附录(元件清单)。

3.2 一阶网络响应特性的研究

一、实验目的

(1)研究一阶 RC 电路的零状态响应和零输入响应的基本规律和特点。

(2)理解时间常数 τ 对响应波形的影响。

(3)掌握有关积分电路和微分电路的概念。

二、设计任务

(1)设计一个 RC 充放电电路,输入信号为恒定电压 $U_s=5$ V,要求时间常数 τ 为 0.4~1 s,用示波器观察电容电压 U_C 的变化规律,分别记录零状态响应和零输入响应的波形。根据实验曲线,分析电容充放电时电压变化的规律及电路参数对波形的影响。

(2)设计一个由 $U_m=6$ V,$f=1$ kHz 脉冲信号激励的积分微分电路,要求积分电路的时间常数 $\tau \geqslant 10T$(T 为脉冲信号的周期),微分电路的时间常数 $\tau \leqslant \frac{T}{10}$,分别记录 $U_R(t)$、$U_C(t)$ 的波形。当 f 和 C 保持不变时,改变 R 值(选择 2~3 组不同的 R 值),观察波形的变化情况,分析时间常数对波形的影响。

三、设计原理

(1)所有储能元件初始值为 0 的电路对激励的响应称为零状态响应;电路在无激励情况下,由储能元件的初始状态引起的响应称为零输入响应。

①一阶 RC 电路零状态响应。一阶电路的动态元件初始储能为 0 时,由施加于电路的输入信号产生的响应,称为零状态响应。输入信号最简单的形式为阶越电压或电流。一阶 RC 零状态响应电路响应曲线如图 1 所示,电容电压 u_C 初始值为 0,随时间按指数规律上升,上升的速度取决于电路中的时间常数:当 $t=\tau$ 时,$u_C=0.632U_s$;当 $t=5\tau$ 时,$u_C=0.993U_s$,一般认为这种情况下 u_C 的值已等于 U_s

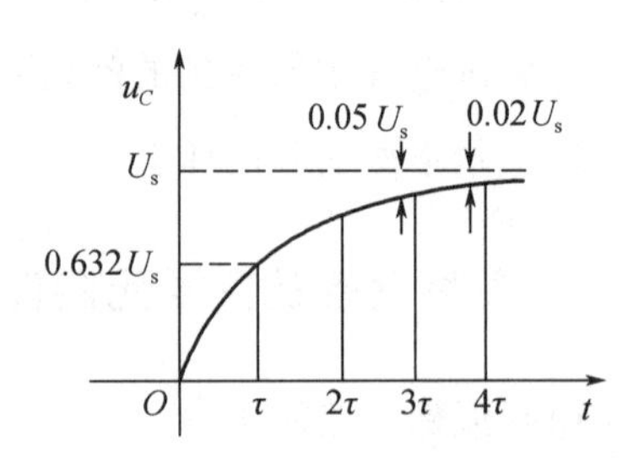

图 1 一阶 RC 零状态响应电路响应曲线

的值。对于一阶 RC 电路有 $\tau=RC$。

②一阶 RC 电路零输入响应。一阶电路在没有输入信号激励时,由电路中的动态元件的初始储能产生的响应,称为零输入响应。一阶 RC 零输入响应电路响应曲线如图 2 所示,电容电压初始值为 U_0。电容电压 u_C 是随时间按指数规律衰减的。由计算可知,当 $t=\tau$ 时,$u_C=0.368U_0$;当 $t=5\tau$ 时,$u_C=0.007U_0$,一般认为这种情况下电容电压 U_C 的值已衰减至 0。

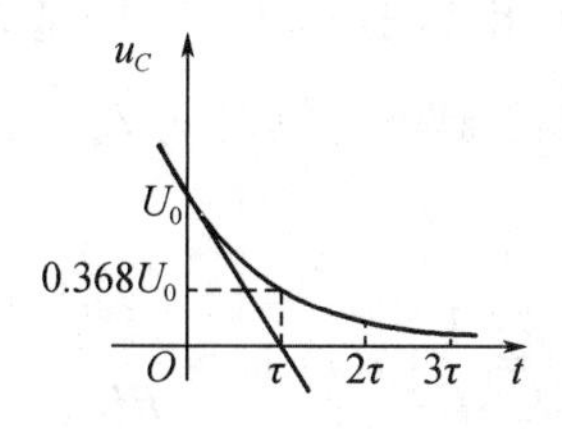

图 2　一阶 RC 零输入响应电路响应曲线

(2)微分电路和积分电路是一阶 RC 电路中较典型的电路,它对电路元件参数和输入信号的周期有特定的要求。

一个简单的 RC 串联电路,在方波序列脉冲的重复激励下,当满足 $\tau=RC\ll T/2$ 时,且输出电压从电阻两端取出,此电路就构成了一个微分电路。它可将矩形波(或方波)变换成尖脉冲波。当电路时间常数 τ 远于小于输入的矩形脉冲宽度 T_0 时,在脉冲作用的时间 T_0 内,相对于脉冲宽度来说电容器暂态过程持续时间很短,于是暂态电流或电阻上的输出电压就是一个正向尖脉冲,如图 3 所示。

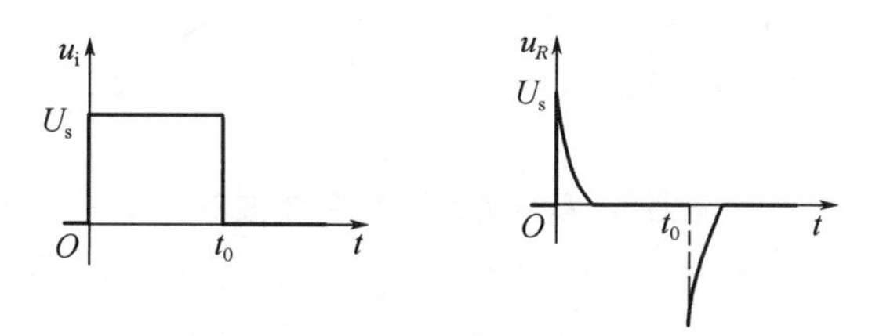

图 3　微分电路输入输出波形

当矩形脉冲结束时,输入电压突变到 0,电容器放电,放电电流在电阻上形成一个负向尖脉冲,因时间常数相同,所以正、负向尖脉冲波形相同。由于 $T_0\gg RC$,所以相对于脉冲宽度来说电容器暂态过程持续时间很短,电容电压波形接近输入脉冲宽度,故有

$$U_R(t)=R*i(t)=RC\frac{\mathrm{d}U_C(t)}{\mathrm{d}t}\approx RC\frac{\mathrm{d}U_s(t)}{\mathrm{d}t}$$

电路输出信号电压与输入信号电压的微分成正比,其输入、输出波形如图 3 所示。

由上述分析可知,一个 RC 串联分压电路要构成微分电路应满足一定条件,通常应使脉冲宽度比时间常数大 5 倍以上,即

$$T_0 \geqslant 5RC$$

RC 越小,输出电压越接近输入电压的微分。

若将微分电路中的 R 与 C 对调,即输出电压从电容两端取出,且当电路参数的选择满足 $\tau = RC \gg T/2$ 时,就构成积分电路。它是将矩形波(或方波)变换成三角波的电路。最简单的积分电路也是一种 RC 串联分压电路,只是它的输出电压是电容两端电压 $U_C(t)$,而且电路的时间常数远大于脉冲持续时间 T_0。由于 $RC \gg T_0$,故电阻的电压接近输入电压,即

$$U_C(t) = \frac{1}{C}\int i(t)\,\mathrm{d}t \approx \frac{1}{RC}\int U_s(t)\,\mathrm{d}t$$

电路的输出信号电压与输入信号电压的积分成正比,其输入、输出波形如图 4 所示。同样,一个 RC 串联分压电路要构成积分电路应满足一定条件,通常应使时间常数比脉冲宽度大 5 倍以上,即

$$\tau = RC \geqslant 5T_0$$

为了得到线性度好且具有一定幅度的三角波,需要掌握时间常数 τ 与输入脉冲宽度的关系。矩形波的脉冲宽度越小,电路的时间常数 τ 越大,充、放电越缓慢,所得三角波的线性越好,但幅度亦随之下降。

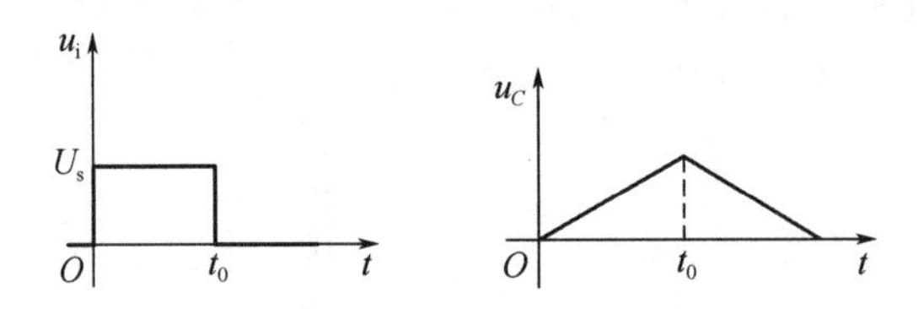

图 4　积分电路输入、输出波形

四、报告要求

(1)实验目的。

(2)设计要求。

(3)电路设计。叙述工作原理并画出电路图,计算并确定元件参数(用 Multisim 软件进行仿真)。

(4)测试数据及分析。

①记录测试数据,并绘出所观察到的输出波形图。

②分析实验结果，得出相应结论。

(5)回答下列思考题：

①根据实验观测结果，在方格纸上绘出一阶 RC 电路充、放电时 u_C 的变化曲线，由曲线测得 τ 值，并与参数的计算结果进行比较，分析误差原因。

②已知一阶 RC 电路 $R=10\ \text{k}\Omega$，$C=0.01\ \mu\text{F}$，试计算时间常数 τ，并根据 τ 值的物理意义，拟定测定 τ 值的方案。

③何谓积分电路和微分电路？它们必须具备什么条件？它们在方波序列脉冲的激励下，其输出信号波形的变化规律如何？这两种电路有何功用？

(6)记录本次实验的体会。

五、实验设备及主要元器件

(1)直流稳压电源 1 台。

(2)函数信号发生器 1 台。

(3)数字示波器 1 台。

(4)万用表 1 块。

(5)实验箱 1 台。

(6)其余元件见附录(元件清单)。

3.3　谐振电路

一、实验目的

(1)绘制不同品质因数谐振电路的谐振曲线。

(2)研究电路参数对谐振特性的影响。

(3)学习测量交流电压和电流的方法。

二、设计任务

(1)设计一个 RLC 串联谐振电路，振荡频率为 1 kHz。

(2)设计一个振荡电路，其中心频率为 1 MHz，并用 Multisim 进行仿真。

三、设计原理

在 R、L、C 串联的交流电路中，当 $2\pi fL=1/2\pi fC$ 时，电路的阻抗最小；在电压为定值时,电流最大;电路中电流与输入电压同相位,电路为纯电阻性,这种工作状态为谐振。

要满足 $2\pi fL = 1/2\pi fC$ 的条件,可通过改变 R、L、C 的值来实现。本实验是在 L、C、U 不变的条件下,通过改变电源频率 f,使电路达到谐振状态。谐振角频率为

$$\omega_0 = \frac{1}{LC}$$

谐振频率为

$$f_0 = \frac{1}{2\pi\sqrt{LC}}$$

(1)电路谐振时的特性。

①谐振时电路呈现纯阻性,电流与电源电压同相位。由于此时电路阻抗最小,所以在电源电压有效值一定时,电流最大。则

$$\dot{I}_0 = \frac{\dot{U}_s}{R}$$

②谐振时电感电压和电容电压相等,均为外加电源电压的 Q 倍,相位相差 180°。

$$\dot{U}_{R_0} = \dot{U}_s \quad \dot{U}_{L_0} = \mathrm{j}Q\dot{U}_s \quad \dot{U}_{C_0} = -\mathrm{j}Q\dot{U}_s$$

$$Q = \frac{U_L}{U_s} = \frac{U_C}{U_s} = \frac{\omega_0 L}{R} = \frac{\frac{1}{\omega_0 C}}{R} = \frac{\sqrt{\frac{L}{C}}}{R}$$

特性阻抗

$$\rho = \omega_0 L = \frac{1}{\omega_0 C} = \sqrt{\frac{L}{C}}$$

在 L、C 为定值的前提下,Q 值大小仅取决于回路总电阻的大小。

(2)在串联谐振电路中,回路的电流响应与频率的关系称为电流的幅频特性,即

$$I(\omega) = \frac{U_s}{\sqrt{R^2 + \left(\omega L - \frac{1}{\omega C}\right)}} = \frac{U_s}{R}\frac{1}{\sqrt{1 + Q^2\left(\frac{\omega}{\omega_0} - \frac{\omega_0}{\omega}\right)^2}}$$

式中,$\frac{U_s}{R} = I_0$,I_0 为谐振时的电流。

谐振曲线的形状与电路品质因数 Q 密切相关

$$Q = \frac{U_L}{U_s} = \frac{U_C}{U_s} = \frac{\omega L}{R} = \frac{\sqrt{\frac{L}{C}}}{R}$$

在 L、C 值已经确定的情况下,改变 R 值的大小,可以改变 Q 值。Q 值越大,选择性越好,曲线形状越陡,电流曲线如图 1 所示。

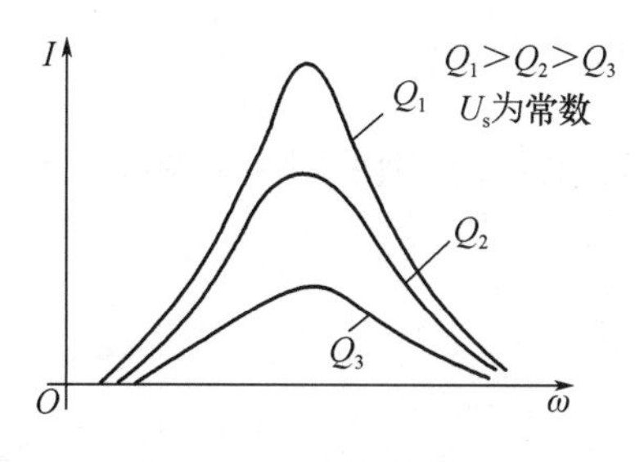

图 1　电流曲线

为反映一般情况，通常研究电流比 I/I_0 与角频率比 ω/ω_0 之间的函数关系，即所谓通用谐振曲线，其表达式为

$$\frac{I}{I_0}=\frac{1}{\sqrt{1+Q^2\left(\frac{\omega}{\omega_0}-\frac{\omega_0}{\omega}\right)^2}}$$

图 2 所示为不同 Q 值下的通用谐振曲线。

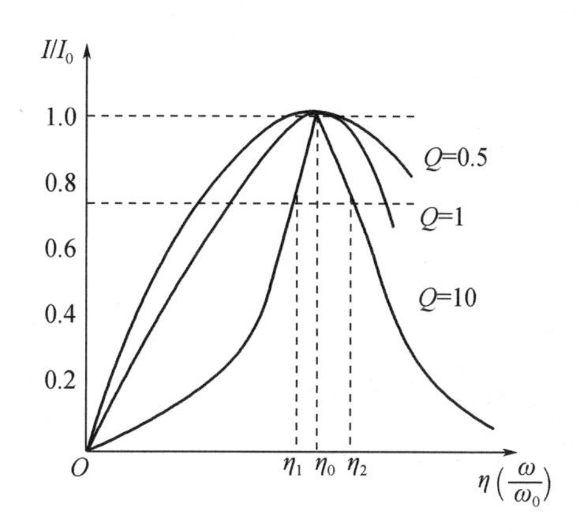

图 2　谐振曲线

从图中可以看出：Q 值越大，曲线越陡，当 ω/ω_0 稍偏离 1（即 ω 偏离 ω_0）时，I/I_0 就急剧下降，表明电路对非谐振信号有较强的抑制能力，电路的选择性好；Q 值越小，曲线顶部越平坦，选择性就越差。则

$$\frac{I}{I_0}=\frac{1}{\sqrt{2}}=0.707$$

在通用谐振曲线上 $I/I_0=0.707$ 处作平行于 η 轴的直线，该直线与曲线交于两点，它们的横坐标分别为 η_1 和 η_2，η_1 和 η_2 之间的宽度称为带宽，又称通频带，它的大小取决于谐振电路允许通过信号的频率范围。Q 值除用前面介绍的公式计算外，也可以从曲线上求得，即

$$Q=\frac{1}{\eta_2-\eta_1}$$

(3)谐振时相频特性和幅频特性分别如图 3 和图 4 所示。

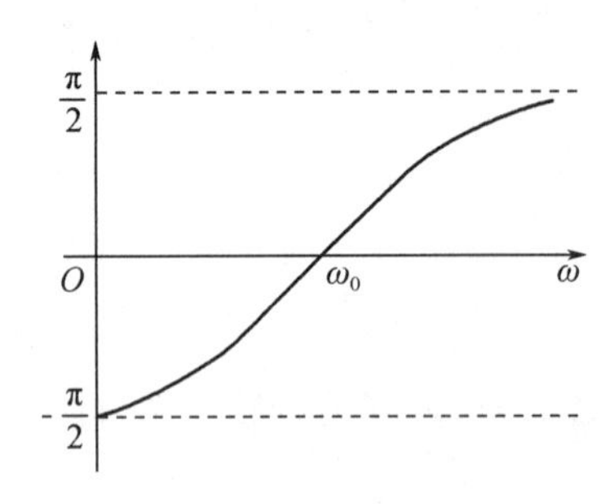

图 3　相频特性

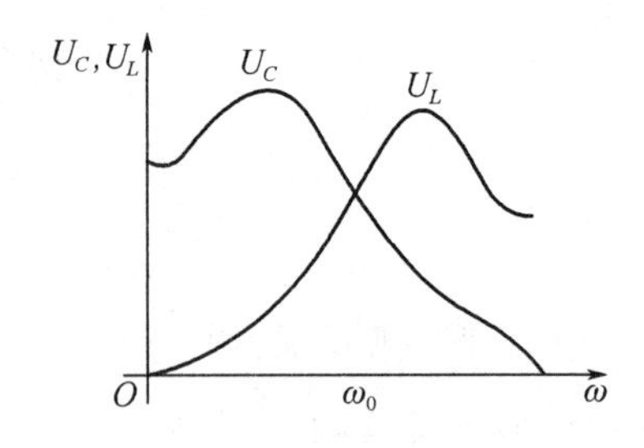

图 4　幅频特性

四、报告要求

(1)实验目的及设计要求。

(2)电路设计、元件参数计算。

(3)测试数据记录及分析结论。

(4)回答下列思考题:

①谐振的条件是什么?

②如何计算谐振的频率?

③当输入频率从 0 到∞变化时,输出的相位如何变化?

④试分析设计值与实际测量结果之间产生误差的原因。

3.4　交流电路参数的测量

一、实验目的

(1)学会用交流电桥法测量元件的参数,加深对电桥原理的理解,加强对桥路构成原则的认知。

(2)学习交流电桥的调节方法。

二、设计任务

(1)设计一个电子电路,用来测量一个电容的容量,被测电容的容量为零点几微法,误差不超过 10%,设计过程用 Multisim 进行仿真。

(2)设计一个电子电路,用来测量一个电感的容量,被测电感的容量为零点几毫亨,误差不超过 10%,设计过程用 Multisim 进行仿真。

三、设计原理

电桥法是比较测量法,其将待测元件与标准元件或高精度的电容、电阻相比较,测量灵敏度、精度较高,可以获得具有多位有效数字的测量结果。

图 1 是交流电桥平衡原理电路。交流电桥由 4 个桥臂、交流电源及示零仪器组成。当调节桥臂参数,使交流示零器中无电流通过时,电桥处于平衡状态。其平衡条件为

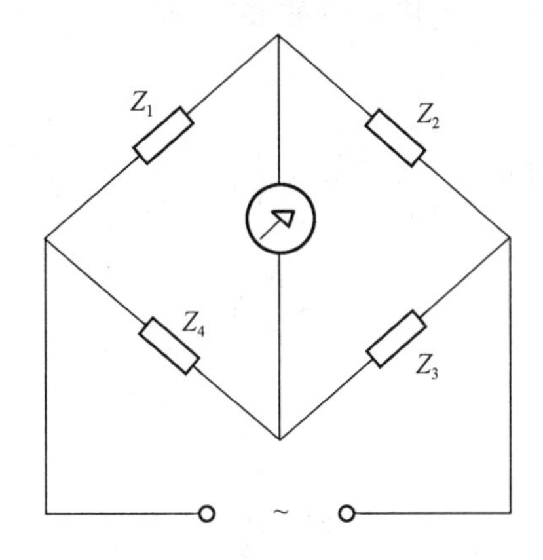

图 1　交流电桥平衡原理电路

$$Z_1Z_3 = Z_2Z_4$$

设 4 个桥臂的复阻抗为

$$Z_1 = Z_1\angle\varphi_1,\quad Z_2 = Z_2\angle\varphi_2$$

$$Z_3 = Z_3\angle\varphi_3,\quad Z_4 = Z_4\angle\varphi_4$$

则

$$Z_1Z_3\angle(\varphi_1+\varphi_3) = Z_2Z_4\angle(\varphi_2+\varphi_4)$$

根据复数相等条件,有

$$|Z_1Z_3| = |Z_2Z_4|$$

$$\varphi_1+\varphi_3 = \varphi_2+\varphi_4$$

由上式可以看出,交流电桥平衡的条件是复阻抗的幅值和相位分别相等。当被测元件 Z_1 为电容,Z_2、Z_3为电阻时,则 Z_1、Z_4 阻抗性质必须相同,即 Z_4 也必须为容性。

(1)串联电容电桥。串联电容电桥适用于测量损耗较小的电容,如图 2 所示。

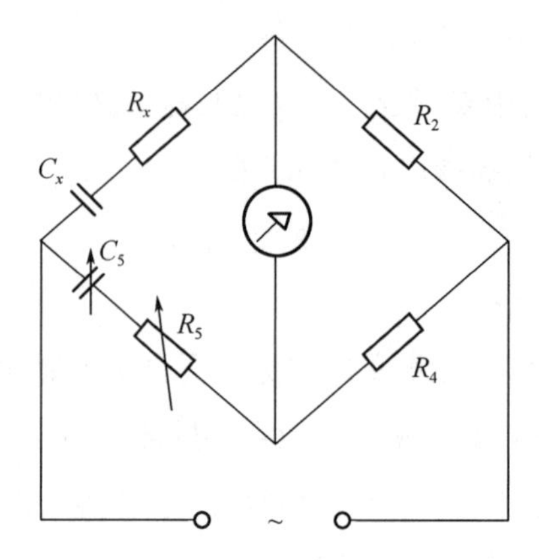

图 2　串联电容电桥

电桥平衡时,有

$$\left(R_x + \frac{1}{j\omega C_x}\right)R_4 = \left(R_s + \frac{1}{j\omega C_s}\right)R_2$$

$$R_x = \frac{R_2}{R_4}R_s$$

$$C_x = \frac{R_4}{R_2}C_s$$

$$\tan\delta = \omega C_s R_s$$

通常,C_s、R_s 为可调元件。

(2)麦克斯韦电感电桥。麦克斯韦电感电桥适用于测量低品质因数的电感,如图 3 所示。

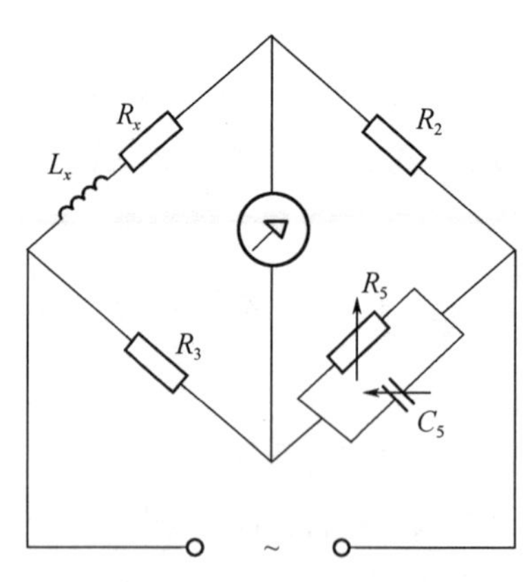

图 3　麦克斯韦电感电桥

电桥平衡时,有

$$(R_x + j\omega L_x)\left(\frac{R_s}{1 + j\omega C_s R_s}\right) = R_2 R_3$$

$$L_x = R_2 R_3 C_s$$

$$Q_x = \omega C_s R_s$$

通常,C_s、R_s 为可调元件。

(3)电桥调节的基本方法。

①粗略估计所测元件的数值范围,根据平衡方程将各桥臂旋钮预置在适当的位置上,不要无目的地旋动旋钮。

②由于电桥有 4 个桥臂,在一对对角线上加电源,另一对对角线上加毫伏表,因要求信号源不接地,故称为不接地的输出连线。接通信号源后,频率选择 1 000 Hz,信号的幅度不要太大,桥路连接后旋动信号源的输出幅度旋钮,使毫伏表的读数在 3 V 左右。

根据平衡条件,调节可调元件,常用标准电容箱与高精度电阻箱作为可调元件,先调高位后调低位,逐级交错进行,使毫伏表读数不断下降,并及时改变量程,直至毫伏表读数在 10 mV 左右,说明桥路已接近平衡。调节过程中毫伏表指针变化很大,应注意观察毫伏表指针的变化,随时准备改变毫伏表的量程,不允许毫伏表长时间过量程显示。当电桥逐步接近平衡时,毫伏表的读数也逐渐减小,此时应先增大信号源的输出再进行调节。

③判断电桥平衡的简单方法是:调节平衡后,改变信号源的输出幅度,若毫伏表指针不变化,则说明电桥完全平衡;若毫伏表指针随信号源幅度改变而变化,说明电桥还没有完全平衡,这时应细调可调元件低位旋钮,直至电桥完全平衡。

四、设计思考

(1)在电桥调节过程中,开始时要求信号源输出较小,然后输出逐步增大,为什么?

(2)在选取桥臂电阻时,要注意哪些问题?

(3)试列举其他测量方法,并和电桥法进行比较。

五、报告要求

(1)实验目的。

(2)设计要求。

(3)电路设计。叙述工作原理,画出电路图,计算并确定元件参数。

(4)测试数据及分析。

①简述调试方式。

②记录测试数据。

③分析实验结果,得出相应结论。

(5)叙述测试过程中所遇到的问题及解决方法。

(6)记录本次实验的体会。

六、实验设备及主要元器件

(1)直流稳压电源1台。

(2)函数信号发生器1台。

(3)数字示波器1台。

(4)万用表1块。

(5)实验箱1台。

(6)其余元件见附录(元件清单)。

3.5 *RC* 选频网络特性研究

一、实验目的

(1)熟悉常用 *RC* 选频网络的结构特点和应用。

(2)学会用交流毫伏表和示波器测定文氏电桥电路的幅频特性与相频特性。

(3)学习网络频率特性的测试方法。

二、设计任务

设计一个 *RC* 选频网络,其中心频率 $\omega_0 = 10^4$ rad/s,输入信号为 $U_i = 3$ V(有效值)的正弦信号。要求:

(1)设计 *RC* 选频网络的传递函数,推导传递函数的模和幅角,并分析:当输入信号的频率等于中心频率时,传递函数的模和幅角会发生何种变化?

(2)设计估算 R 和 C 参数满足 *RC* 选频网络的中心频率,并考虑如何用实验方法确定中心频率。将测得的几处$\dfrac{U_o}{U_i}$值与理论值比较,从实验角度分析产生误差原因。

(3)绘制网络的幅频特性曲线和相频特性曲线。

(4)以实验结果说明 *RC* 选频网络的特点。

三、设计原理

文氏电桥电路是一个 *RC* 串、并联电路,该电路结构简单,被广泛应用于低频振荡电路中作为选频环节,可以获得很高纯度的正弦波电压。

文氏电桥电路通常称为带通网络或选频网络,对某一窄带频率的信号具有选频作用,即允许以某一频率为中心的一定频率范围(频带)内的信号通过(该频率称为中心频率),而衰减或抑制其他频率的信号。信号频率偏离中心频率越远,信号被衰减和抑制得越厉害。

用信号发生器的正弦输出信号作为激励信号$\dot{U}_i$,在保持U_i值不变的情况,改变输入信号的频率f,用交流毫伏表测出输出端相应各个频率点下的输出电压U_o(有效值),将这些数据画在以频率f为横轴、U_o为纵轴的坐标系上,用一条光滑的曲线连接这些点,该曲线就是文氏电桥电路的幅频特性曲线,如图 1 所示。

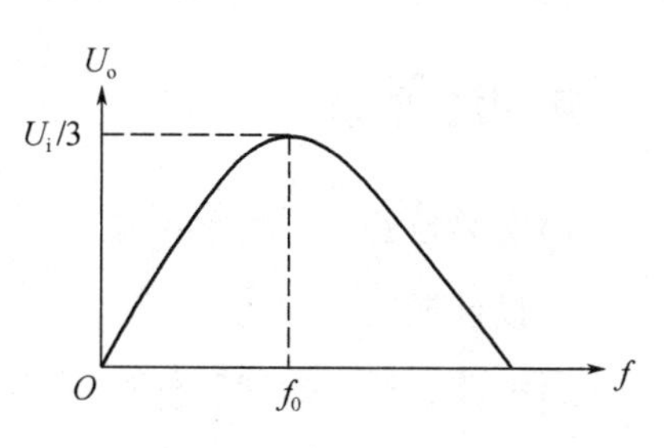

图 1　幅频特性曲线

文氏电桥电路的幅频特性曲线的特点是其输出电压的幅度不仅会随输入信号的频率改变,而且还会出现一个与输入电压同相位的最大值。

将文氏电桥电路的输入和输出分别接到双踪示波器的 Y1 和 Y2 两个输入端,改变输入正弦信号的频率,观测相应的输入和输出波形间的延时τ及信号的周期T,则两波形间的相位差为

$$\varphi = \frac{\tau}{t} \times 360° = \varphi_o - \varphi_i$$

将各个不同频率下的相位差φ画在以f为横轴、φ为纵轴的坐标系上,用光滑的曲线将这些点连接起来,即为文氏电桥电路的相频特性曲线,如图 2 所示。

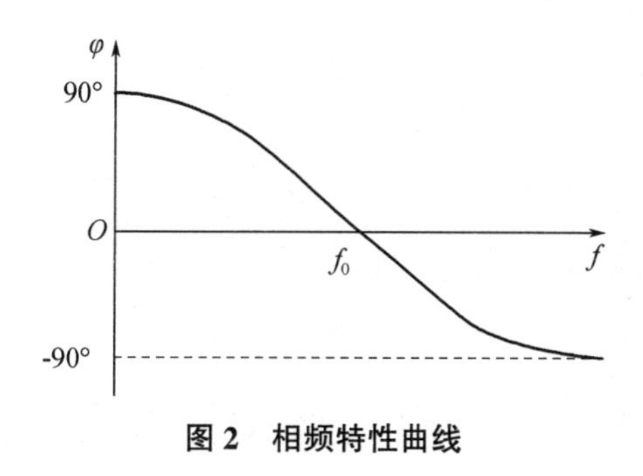

图 2　相频特性曲线

该 RC 选频网络具有带通特性,当$f>f_0$时,U_o滞后于U_i;当$f<f_0$时,U_o超前于U_i。

四、注意事项

(1)每次测量频率特性时,须先测出中心频率,然后在两侧依次选取其他频率的测

试点。

(2)测试过程中,改变函数信号发生器的频率,其输出电压有时会发生变化。因此,测试时,需用毫伏表监测函数信号发生器的输出电压,使其保持不变。

(3)测量相频特性时,双迹法测量误差较大,操作、读数应力求仔细、合理。要调节好示波器,使线条清晰,以减小读数误差。

五、报告要求

(1)实验目的。

(2)设计要求。

(3)电路设计。叙述工作原理,画出电路图,计算并确定元件参数(用 Multisim 软件进行仿真)。

(4)测试数据及分析。

①简述调试方式。

②记录测试数据,并绘出观察到的输出波形图。

③分析实验结果,得出相应结论。

(5)叙述测试过程中所遇到的问题及解决方法。

(6)记录本次实验的体会。

六、实验设备及主要元器件

(1)直流稳压电源 1 台。

(2)函数信号发生器 1 台。

(3)数字示波器 1 台。

(4)万用表 1 块。

(5)实验箱 1 台。

(6)其余元件见附录(元件清单)。

3.6 移相电路设计与测试

一、实验目的

(1)掌握移相电路的设计与测试方法。

(2)加深对移相概念的理解,了解移相器的用途。

二、设计任务

设计一个移相电路，移相器输入电压的幅度在 0~1 V 内选择，频率为 2 kHz。

（1）要求移相器的输出电压的幅度不变或衰减在 50%以内，输出电压对于输入电压的相移在 5°~180°范围内连续可调。设计完成后，进行安装并调试其性能是否满足要求。

（2）以实验结果说明移相电路的特点。

三、设计原理

当图 1 所示网络传递函数模型处于稳态时，其输入激励与输出响应的关系可用网络的传递函数来表示，即

$$H(\mathrm{j}\omega)=\frac{\dot{U}_2}{\dot{U}_1}=|H(\mathrm{j}\omega)|\mathrm{e}^{\mathrm{j}\varphi(\omega)} \tag{1}$$

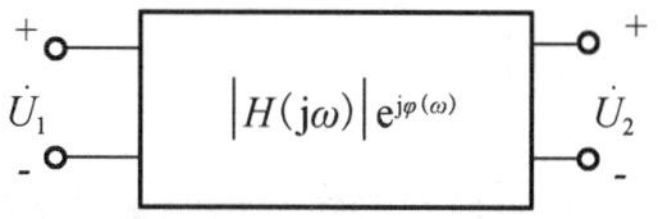

图 1　网络传递函数模型

显然，$H(\mathrm{j}\omega)$是频率 ω 的函数，称为网络的频率响应函数或电路的频率特性。$H(\mathrm{j}\omega)$反映电路本身结构和元件参数，与激励无关。传递函数的模$|H(\mathrm{j}\omega)|$是电路响应与输入激励的幅值之比，称为网络的幅频特性；幅角 $\varphi(\omega)$代表电路响应超前或滞后于输入的相位角，称为网络的相频特性。

下面分析几种常见的 *RLC* 和 *RC* 串联正弦稳态电路的相频特性，求出其输出与输入信号的相位关系。对于一个 *RLC* 串联正弦稳态电路，其相量模型如图 2 所示。

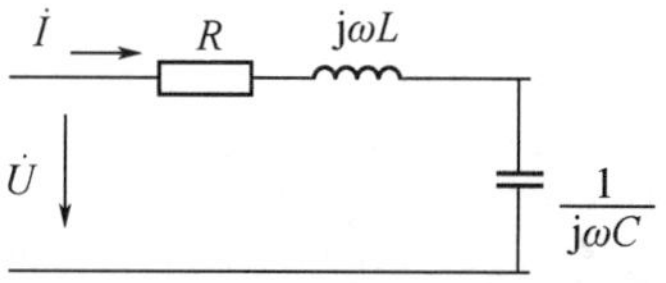

图 2　*RLC* 串联正弦稳态电路相量模型

如果$\dot{U}$ 为激励相量，$\dot{I}$ 为响应相量，则这个 *RLC* 串联正弦稳态电路的频率响应函数为

$$H(\mathrm{j}\omega)=\frac{\dot{U}}{\dot{I}}=\frac{1}{R+\mathrm{j}\omega L+\frac{1}{\mathrm{j}\omega C}}=\frac{1}{\sqrt{R^2+\left(\omega L+\frac{1}{\omega C}\right)^2}}-\arctan\frac{\omega L-\frac{1}{\omega C}}{R} \tag{2}$$

相频特性

$$\varphi(\omega)=\arctan\frac{\omega L-\dfrac{1}{\omega C}}{R} \tag{3}$$

可见,当 $\omega L>\dfrac{1}{\omega C}$时,电流滞后于电压;当 $\omega L<\dfrac{1}{\omega C}$时,电流超前于电压;当 $\omega L=\dfrac{1}{\omega C}$时,电流与电压同相,相位差为 0。

由此可见,该电路的相频特性是随着 ω 从 0 变到∞,$\varphi(\omega)$将从$-90°$变到 $90°$,其相频特性曲线如图 3 所示。

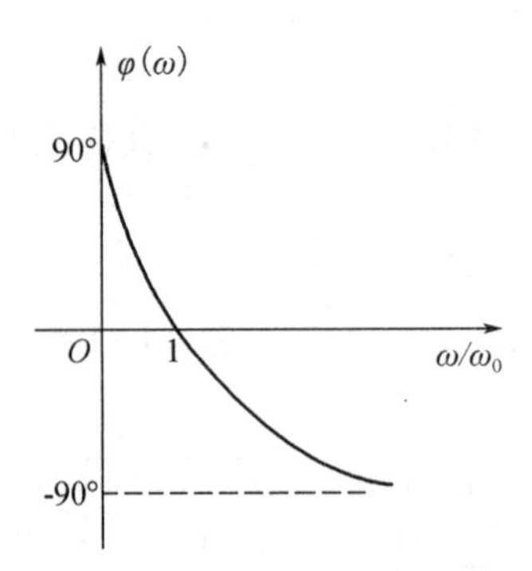

图 3　*RLC* 串联正弦稳态电路相频特性曲线

对于一个 *RC* 串联正弦稳态电路,如果$\dot{U}_1$ 为激励相量,$\dot{U}_2$ 为响应相量,其相量模型如图 4 所示。这个 *RC* 串联正弦稳态电路的频率响应函数为

$$H(\mathrm{j}\omega)=\frac{\dot{U}_2}{\dot{U}_1}=\frac{1}{1+\mathrm{j}\omega CR}=\frac{1}{\sqrt{1+(\omega CR)^2}}\mathrm{e}^{-\mathrm{j}\arctan\omega CR} \tag{4}$$

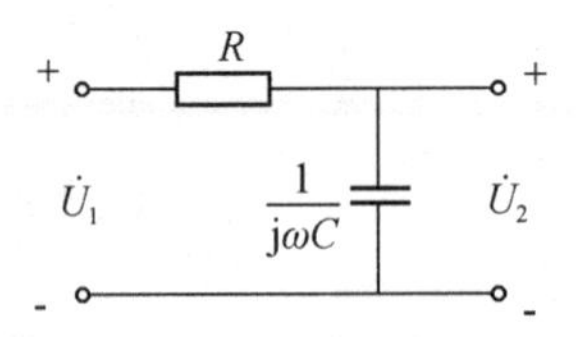

图 4　*RC* 串联正弦稳态电路相量模型

因此,相频特性为

$$\varphi(\omega)=-\arctan\omega CR \tag{5}$$

由于幅角始终小于 0,说明响应电压始终滞后于激励电压。相频特性如图 5 所示,当 ω 从 0 变到∞时,$\varphi(\omega)$将从 $0°$变到$-90°$;当 $\omega=\omega_0$ 时,该网络移相$-45°$。

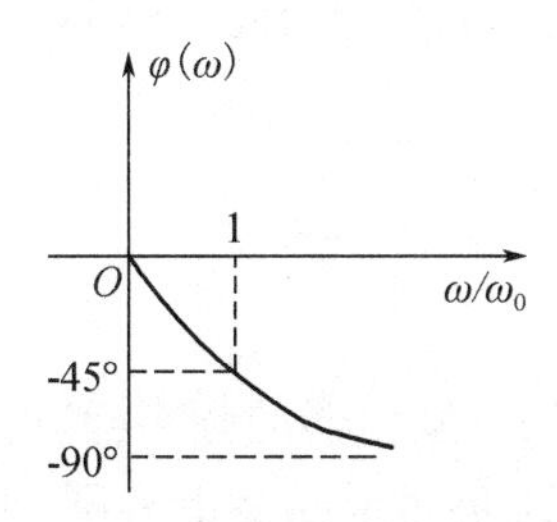

图 5　*RC* 串联正弦稳态电路相频特性曲线

由 R、C 组成的 X 型移相网络，如果 $\dot{U}_1$ 为激励相量，$\dot{U}_2$ 为响应相量，其相量模型如图 6 所示。

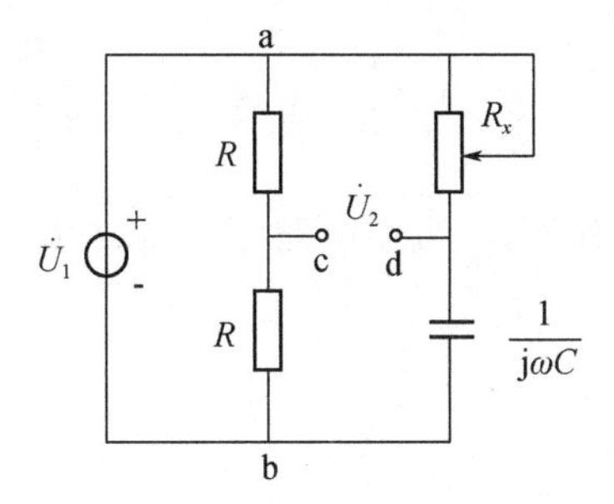

图 6　X 型移相网络相量模型

由图可得

$$\dot{U}_2 = \frac{1}{2}\dot{U}_1 - \frac{\frac{1}{\mathrm{j}\omega C}}{R_x + \frac{1}{\mathrm{j}\omega C}}\dot{U}_1 = \left(\frac{1}{2}\frac{\omega CR_x + \mathrm{j}}{\omega CR_x + \mathrm{j}}\right)\dot{U}_1 \tag{6}$$

频率特性

$$H(\mathrm{j}\omega) = \frac{\dot{U}_2}{\dot{U}_1} = \frac{1}{2}\frac{\omega CR_x + \mathrm{j}}{\omega CR_x + \mathrm{j}} \tag{7}$$

幅频特性

$$|H(\mathrm{j}\omega)| = \frac{1}{2}$$

幅频特性为一个常数，不随频率变化而变化。

相频特性

$$\varphi(\omega) = 2\arctan\frac{1}{\omega CR_x} \tag{8}$$

可见,当 ω 从 0 变到∞时,$\varphi(\omega)$将从 180°变到 0°。同时也可调节电位器 R_x,使相位差发生变化。

四、注意事项

(1)测试过程中,改变函数信号发生器的频率,其输出电压有时将发生变化。因此,测试时,需用毫伏表监测函数信号发生器的输出电压,使其保持不变。

(2)测量相频特性时,双迹法测量误差较大,操作、读数应力求仔细、合理。要调节好示波器,使线条清晰,以减小读数误差。

五、报告要求

(1)实验目的。

(2)设计要求。

(3)电路设计。叙述工作原理,画出电路图,计算并确定元件参数(用 Multisim 软件进行仿真)。

(4)测试数据及分析。

①简述调试方式。

②记录测试数据,并绘出观察到的输出波形图。

③分析实验结果,得出相应结论。

(5)叙述测试过程中所遇到的问题及解决方法。

(6)记录本次实验的体会。

六、实验设备及主要元器件

(1)直流稳压电源 1 台。

(2)函数信号发生器 1 台。

(3)数字示波器 1 台。

(4)万用表 1 块。

(5)实验箱 1 台。

(6)其余元件见附录(元件清单)。

第4章 Multisim电路仿真实验

仿真实验是现代实验的一种手段,它是利用计算机软件中的元件库、仪器库等实现实验接线、电路设计及电路测试的。学生利用它既可以复习理论,又可以预习实验。用计算机进行仿真实验不仅可以节约时间,而且可以避免元件损坏,还可以在不同的环境下进行仿真实验(如在阅览室或宿舍或计算房等),实验器材和仪器也不受限制。

因此,学生应该掌握利用计算机进行仿真实验的方法。值得一提的是,仿真实验不能完全代替实际实验操作。

Multisim是近年来应用比较广泛的仿真软件之一。它在计算机上虚拟出一个元件、设备齐全的硬件工作台,利用它进行辅助教学,可以加深学生对电路结构、原理的认识与理解,训练学生熟练地使用仪器和学习正确的测量方法。由于Multisim软件基于Windows操作环境,要用的元器件、仪器等所见即所得,只要用鼠标点击便可以取用,完成参数设置,组成电路,启动运行、分析和测试。本章利用Multisim仿真软件对相关电路进行仿真实验和性能测试,利用软件仿真加深对电路原理的认识和理解,应注意实际应用中要考虑元器件的非理想化、引线及分布参数的影响。

4.1 Multisim 14.0简介

Multisim 14.0软件是加拿大IIT公司在推出EWB 5.0的基础上推出的一款更新、更高版本的电路设计与仿真软件,拥有丰富的仿真手段和强大的分析功能,不仅可以对直流电路、交流稳态电路、暂态电路进行仿真,也可以对模拟、数字和混合电路进行电路的性能仿真和分析。软件提供了多种交互式元件,使用者可以通过键盘简单地改变交互式元件的参数,并应用虚拟仪器得到相应的仿真结果。Multisim 14.0具有以下特点:

(1)全面集成化的设计环境,完成从原理设计图设计输入输出、电路仿真到电路功能测试等工作。

(2)图形工作界面友好、易学、易用、操作方便。采用直观的图形界面创建电路,在计算机屏幕上模拟仿真实验室工作平台,绘制电路图需要的元器件、电路仿真需要的测试仪器等均可直接从屏幕上选取。

(3)丰富的元件库,包括从无源元件到有源元件、从模拟元件到数字元件、从分立元件到集成电路的各种元件,还包括微机接口元件、射频元件等。

(4)虚拟电子设备齐全,有示波器、万用表、函数发生器、频谱仪、失真度仪和逻辑分析仪等。这些仪器和实物外形非常相似,输出格式保存方便。

(5)电路分析手段完备。除了可以用多种常用测试仪表(如示波器、数字万用表等)对电路进行测试以外,还提供全面的电路分析方法,既有常规的交、直流分析及瞬态分析、失真分析,又有灵敏度分析、噪声指数分析、傅里叶分析等高级分析工具,尤其是蒙特卡洛分析,考虑元件参数的分散性,对电路性能的分析更加接近实际电路。

(6)提供多种输入/输出接口。仿真软件可以输入由 PSpice 等其他电路仿真软件所创建的 Spice 图表文件,并自动生成相应的电路原理图,也可以把 Multisim 环境下创建的电路原理图输出给 Protel 等常见的印刷电路软件印刷电路印制电路板(printed-circuit board,PCB)设计。

一、虚拟电路创建

(1)元件操作。

①元件选用:左键点击(以下简称点击)“Place”出现下拉菜单,在菜单中点击“Component”,移动鼠标到需要的元件图标上,选中元件,点击确定,将元件拖拽到工作区。

②元件的移动:选中后用鼠标拖拽或按“↑”“←”“↓”“→”确定位置。

③元件的旋转:选中后顺时针旋转按“Ctrl+R”键,逆时针旋转按“Ctrl+Shift+R”键。

④元件的复制:选中后点击“Copy”。

⑤元件粘贴:点击“Paste”。

⑥元件删除:选中元件后按“Delete”键。

在元件选用时就要确定好元件参数,Multisim 中元件型号是美国、日本和欧洲各国等国家的型号,注意其同我国元件的转换关系,注意频率的适用范围。

(2)导线的操作。

①连接导线:鼠标指向一元件的端点,出现十字小圆点,按下左键并拖拽导线到另一个元件的端点,出现小红点后点击鼠标左键。

②删除导线:将鼠标箭头指向要选中的导线,点击鼠标左键,出现选中导线的多个小方块,按下“Delete”键即可将选中导线删除。

二、 虚拟元件库中的常用元件

虚拟元件库中的常用元件如图 1 所示。

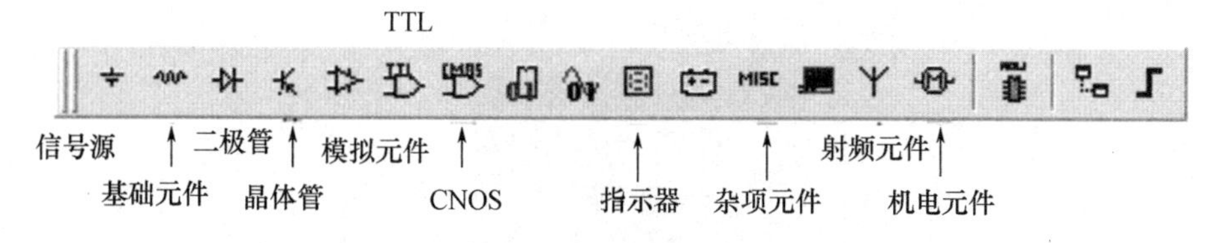

图 1　虚拟元件库中的常用元件

三、　虚拟仪器使用

通过实例介绍主要仪器的使用。

(1)Multisim 14.0 界面主窗口如图 2 所示。

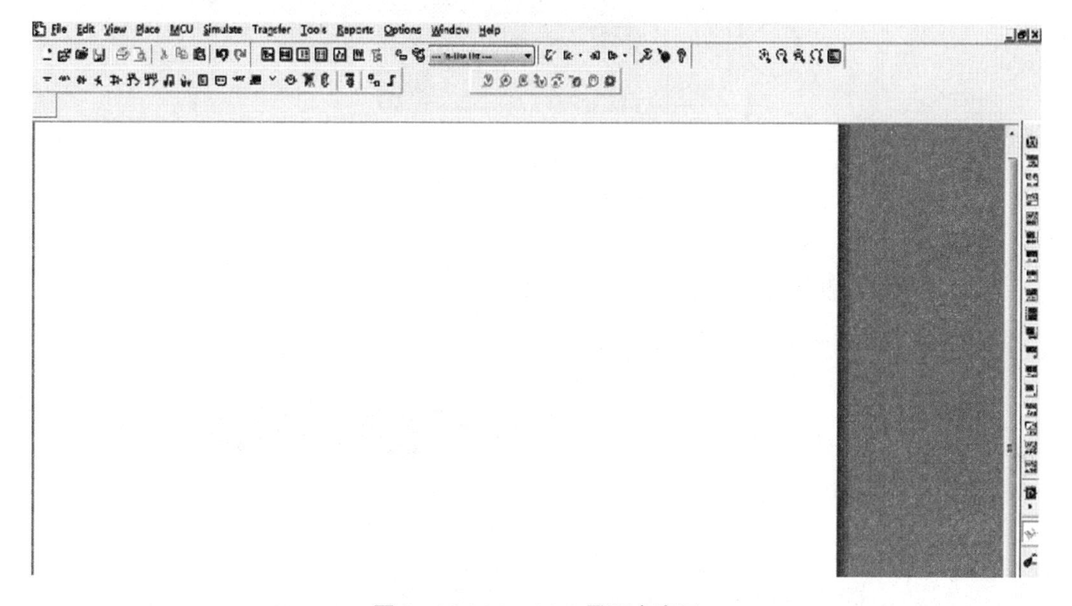

图 2　Multisim 14.0 界面主窗口

从上至下,分别是数字万用表(multimeter)、函数信号发生器(function generator)、功率表(wattmeter)、示波器(oscilloscope)、4 通道示波器(4 channel oscilloscope)、波特图仪(Bode plotter)、频率计数器(frequency counter)、字信号发生器(word generator)、逻辑分析仪(logic analyzer)、逻辑转换仪(logic converter)、IV 分析仪(IV-analysis)、失真分析仪(distortion analyzer)、频谱分析仪(spectrum analyzer)、网络分析仪(network analyzer)、Agilent 函数发生器(Agilent function generator)、Agilent 数字万用表(Agilent multimeter)、Agilent 示波器(Agilent oscilloscope)、Tektronix 示波器(Tektronix oscilloscope)等。

(2)用万用表测量交、直流电压,如图 3 和图 4 所示。

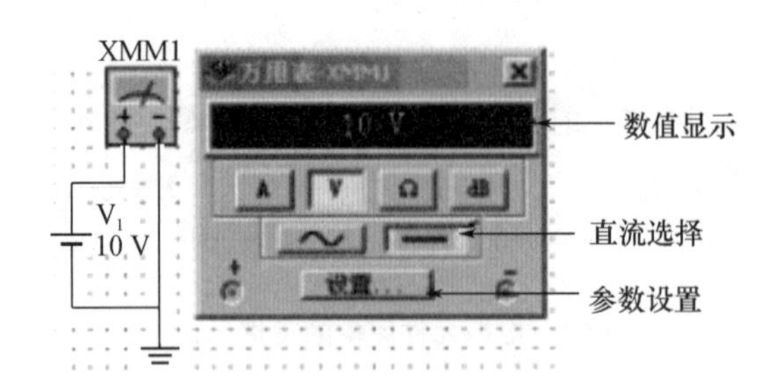

图 3　万用表测量直流电压

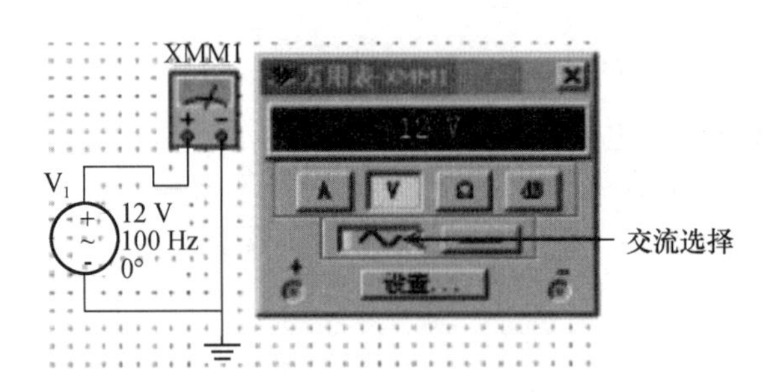

图 4　万用表测量交流电压

(3)用示波器测量函数信号发生器的输出波形。

①函数信号发生器图标和面板如图 5 所示。

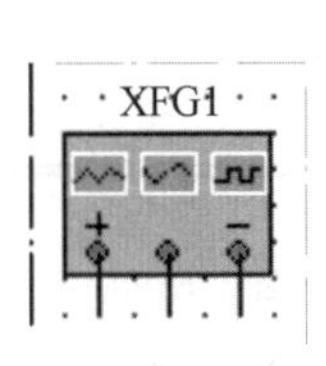

(a) 函数信号发生器图标

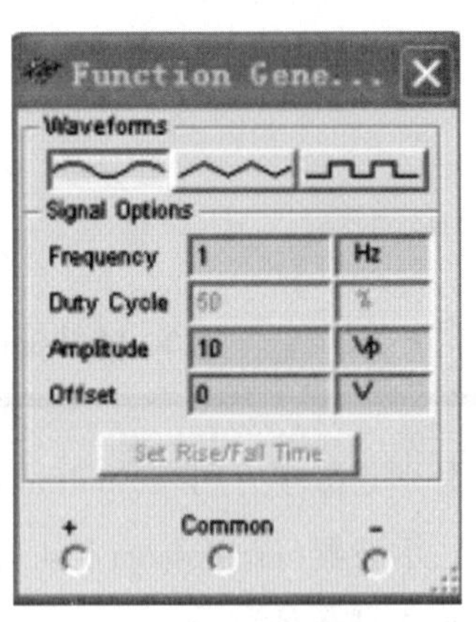

(b) 函数信号发生器面板

图 5　函数信号发生器图标和面板

函数信号发生器面板上方的 3 个波形(正弦波、三角波、方波)选择按钮,用于选择仪器产生波形的类型。中间的几个选项窗口分别用于选择产生信号的频率(1 Hz~999 MHz)、占空比(1%~99%)、信号幅度(1 μV~999 kV)和设置直流偏置电压(-999~

999 kV)。面板下方的 3 个接线端,通常 Common(又称 COM)端连接电路的参考点,“+”端为正波形端,“-”端为负波形端。

②示波器。示波器有 4 个连接端:A 通道接线端、B 通道接线端、G 接地端和 T 外触发端。示波器的面板按照功能不同分为 6 个区:时间基线(简称时基)设置区、触发方式设置区、A 通道设置区、B 通道设置区、测试数据显示区及波形显示区。

函数信号发生器和示波器实测显示如图 6 所示。

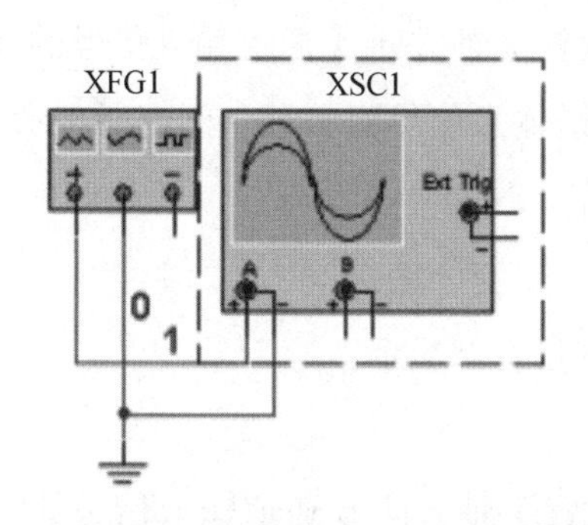

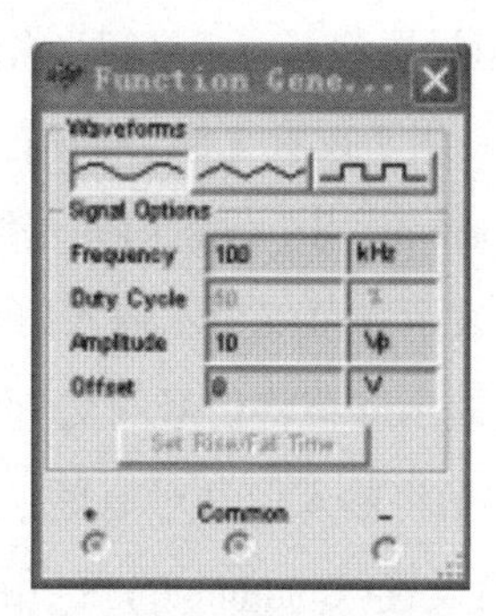

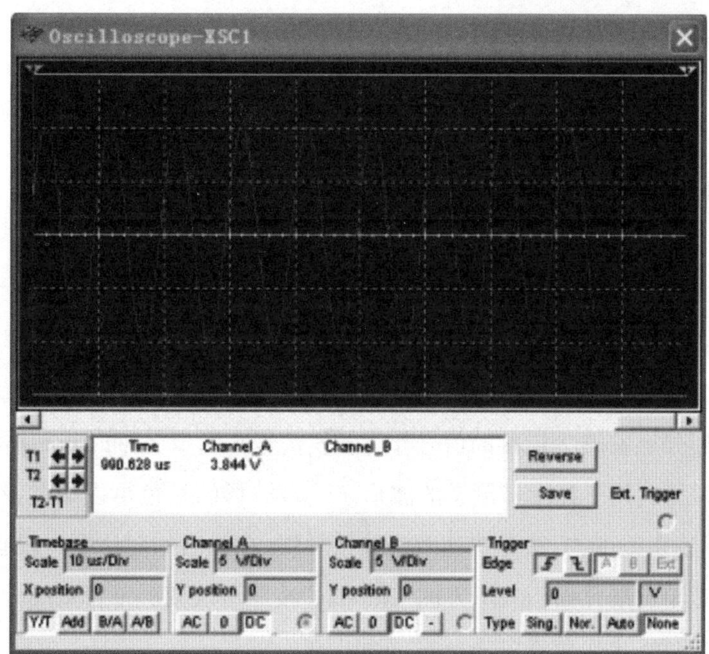

图 6　函数信号发生器和示波器实测显示

使用示波器时,A 通道接线端和 B 通道接线端分别与电路的测试点相连接,G 接地端接地(当电路中有接地符号时也可不接)。示波器面板设置及操作如下:

a. 时基设置(Timebase)区:用于设置 X 轴方向时间基线的扫描时间。

(a)Scale:用于设置 X 轴方向每一刻度代表的时间;

(b)X position:用于设置 X 轴方向时间基线的起始位置;

(c)Y/T:表示 Y 轴方向显示 A、B 通道的输入信号,X 轴方向显示时间基线;

(d)ADD:表示 X 轴方向按设置时间进行扫描,而 Y 轴方向显示 A、B 通道的输入信号之和;

(e)B/A:表示将 A 通道信号作为 X 轴扫描信号,将 B 通道信号施加在 Y 轴上;

(f)A/B:与 B/A 相反。B/A 和 A/B 可用于观察李沙育图形。

b. A 通道设置(Channel A)区:用于设置 Y 轴方向 A 通道输入信号的标度。

(a)Scale:用于设置 Y 轴方向对 A 通道输入信号而言每一刻度所表示的电压数值;

(b)Y position:用于设置时间基线在显示屏幕中的位置;

(c)AC:表示屏幕仅显示输入信号中的交变分量;

(d)DC:表示屏幕将信号的交、直流分量全部显示;

(e)0:表示将输入信号对地短路。

c. B 通道设置(Channel B)区:用于设置 Y 轴方向 B 通道输入信号的标度。与 A 通道设置区类似,这里不再赘述。

d. 触发方式设置(Trigger)区:用于设置示波器的触发方式。

(a)Edge:表示将输入信号的上升沿或下降沿作为触发信号;

(b)Level:用于选择触发电平的大小;

(c)Sing:选择单脉冲触发;

(d)Nor:选择一般脉冲触发;

(e)Auto:表示触发信号不依赖外部信号,一般情况下使用此方式;

(f)A 或 B:用 A 通道或 B 通道的输入信号作为同步 X 轴时基扫描的触发信号;

(g)Ext:用外触发端 T 连接的信号作为触发信号来同步 X 轴时基扫描的触发信号。

e. 波形显示区:用于显示被测量的波形。信号波形的颜色可以通过设置 A、B 通道连接导线的颜色来改变,方法是快速双击连接导线,在弹出的对话框中设置导线颜色即可。同时,通过单击展开面板右下方的"Reverse"按钮可改变屏幕背景的颜色;如果要恢复屏幕背景为原色,再次单击"Reverse"按钮即可。

移动波形:在动态显示时,单击暂停按钮或按"F6"键,均可通过改变"X position"的设置左右移动波形;利用指针拖动显示屏幕下沿的滚动条也可以左右移动波形。

测量波形参数:在屏幕上有两条可以移动的读数指针,指针上方有三角形标志,通过按住鼠标左键可拖动读数指针左右移动。为了测量方便、准确,单击"Pause"或"F6"键使波形显示暂停,然后再进行测量。

f. 测量数据显示区:用于显示读数指针测量的数据。

在显示屏幕下方有 3 个测量数据的显示区。左侧数据区表示 1 号读数指针所在位置测得的数据。T1 表示 1 号读数指针离开屏幕最左端(时基线零点)所对应的时间,时间单位取决于 Timebase 区所设置的时间单位;VA1、VB1 分别表示 1 号读数指针测得的通道 A、通道 B 的信号幅度值,其值为电路中测量点的实际值,与 X 轴、Y 轴的 Scale 设置值无关。

中间数据区表示 2 号读数指针所在位置测得的数据。T2 表示 2 号读数指针离开时基线零点所对应的时间;VA2、VB2 分别表示 2 号读数指针测得的通道 A、通道 B 的信号幅度值。

右侧数据区中,T2-T1 表示 2 号读数指针所在位置与 1 号读数指针所在位置的时间差值,可用来测量信号的周期、脉冲信号的宽度、上升时间及下降时间等参数;VA2-VA1 表示 A 通道信号两次测量值之差,VB2-VB1 表示 B 通道信号两次测量值之差。

存储数据:对于读数指针测量的数据,单击展开面板右下方“Save”按钮即可将其存储,数据存储格式为美国信息交换标准码(American standard code for information interchange, ASCII)格式。

双踪示波器测量 AM、FM 信号波形图如图 7 所示。

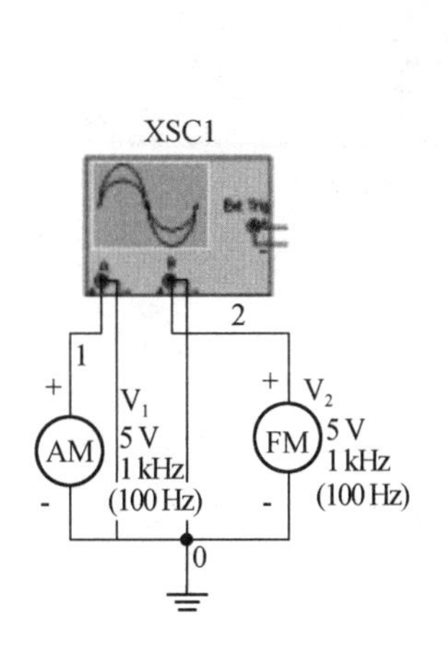

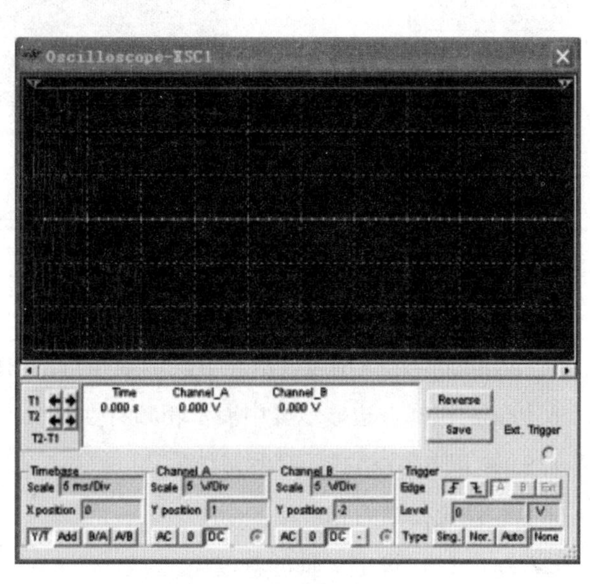

图 7　双踪示波器测量 AM、FM 信号波形图

(4)功率表。

瓦特表用于测量电路的交、直流功率,其图标和面板如图 8 所示。

瓦特表左边两个端子为电压输入端子,与测量电路并联;右边两个端子为电流输入端子,与测量电路串联。Power Factor 框内显示功率因数,数值为 0~1。

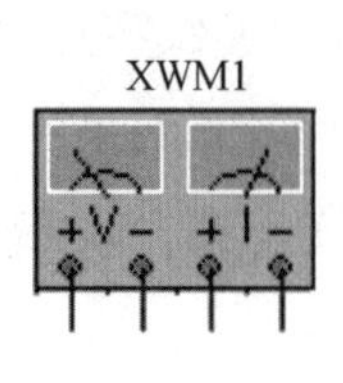

(a) 功率表图标

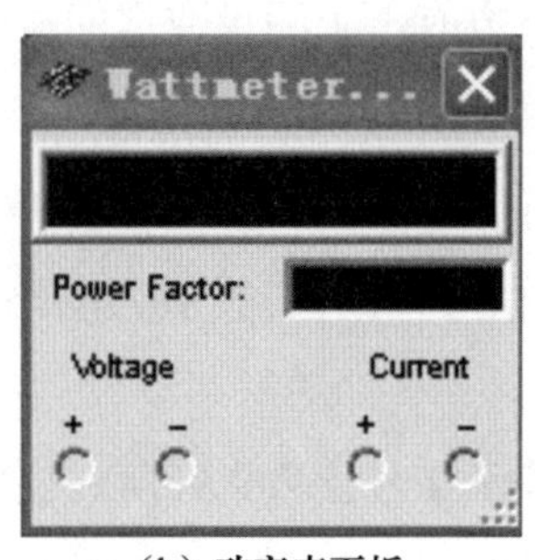

(b) 功率表面板

图 8　功率表图标和面板

(5)测量串联谐振电路的幅频特性及-3dB 带宽。

波特图仪的图标和面板如图 9 所示。

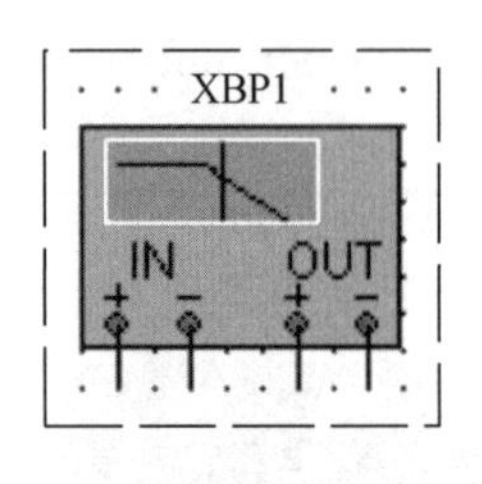

(a) 波特图仪图标

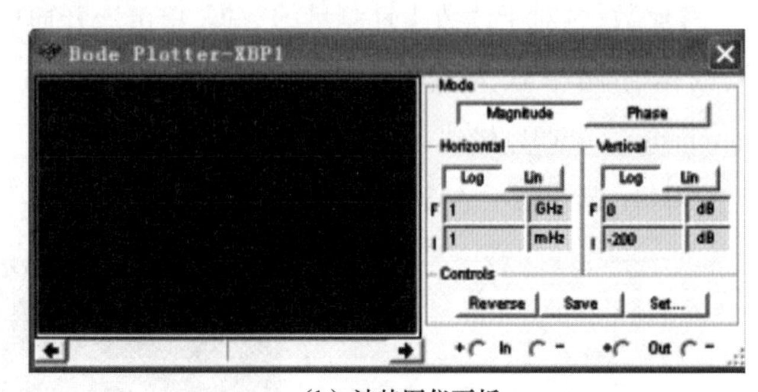

(b) 波特图仪面板

图 9　波特图仪图标和面板

①Mode 和 Controls 区按钮功能。

a. Magnitude:选择左边显示屏中展示幅频特性曲线;

b. Phase:选择左边显示屏中展示相频特性曲线;

c. Save:以 BOD 格式保存测量结果;

d. Set:设置扫描的分辨率。

②Vertical 区:设定 Y 轴的刻度类型。

测量幅频特性时,若单击“Log”(对数)按钮,Y 轴刻度的单位是分贝(dB),标尺刻度为 $20\lg A(f)$ dB,其中 $A(f)=V_o(f)/V_i(f)$;若单击 Lin(线性)按钮,Y 轴是线性刻度。

测量相频特性时,Y 轴坐标表示相位,单位是度(°),刻度是线性的。

该区下面的 F 栏用来设置最终值,I 栏则用来设置初始值。需要指出的是,若被测电路是无源网络(谐振电路除外),由于 $A(f)$ 的最大值为 1,所以 Y 轴坐标的最终值设置为 0,初始值设为负值。对于含有放大环节的网络(电路),$A(f)$ 值可能大于 1,最终值宜设为正值。

③Horizontal 区:确定波特图仪显示的 X 轴的频率范围。

若选用击 Log(对数)按钮,则坐标标尺用 lg f 表示;若选用 Lin(线性)按钮,则坐标标尺是线性的。当测量信号的频率范围较宽时,宜用 lg f 作为标尺。I 和 F 分别是 Initial(初始值)和 Final(最终值)的缩写。

④测量读数。利用鼠标拖动(或单击读数指针移动按钮)读数指针,可测量某个频率点处的幅值或相位,其读数在面板右下方显示。

由于波特图仪没有信号源,所以在使用时必须在电路输入端口示意性地加入一个交流信号源(或函数信号发生器),且无须对其参数进行设置。

图 10 为串联谐振电路的幅频特性测量电路。理论计算值:谐振频率 f_0 = 1.594 kHz,频带宽度为 8.68 kHz。

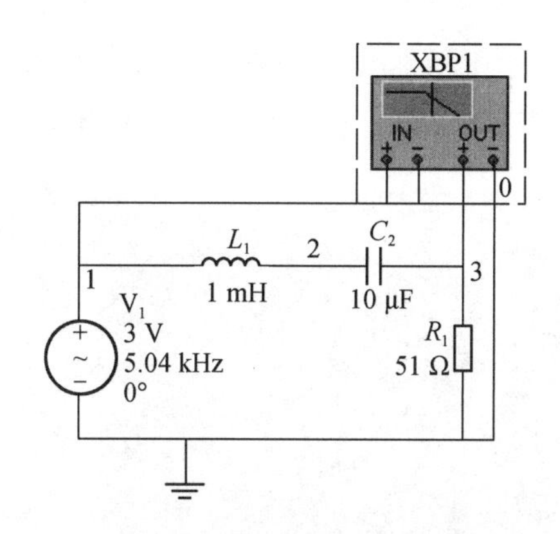

图 10　串联谐振电路的幅频特性测量电路

图 11 为测量串联谐振电路的谐振频率测量图。移动读数条到谐振曲线的最高点(20lg 1=0),此时对应频率为 1.572 kHz,有一定误差。

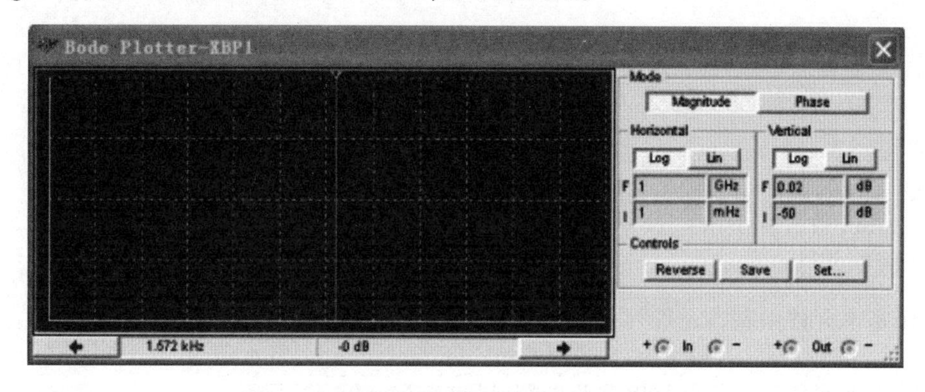

图 11　测量串联谐振电路的谐振频率测量图

图 12 为串联谐振电路的上限频率测量图,在 20lg 0.707=-3.012 dB 时,对应的频率为 8.957 kHz,这个频率近似为上限频率。

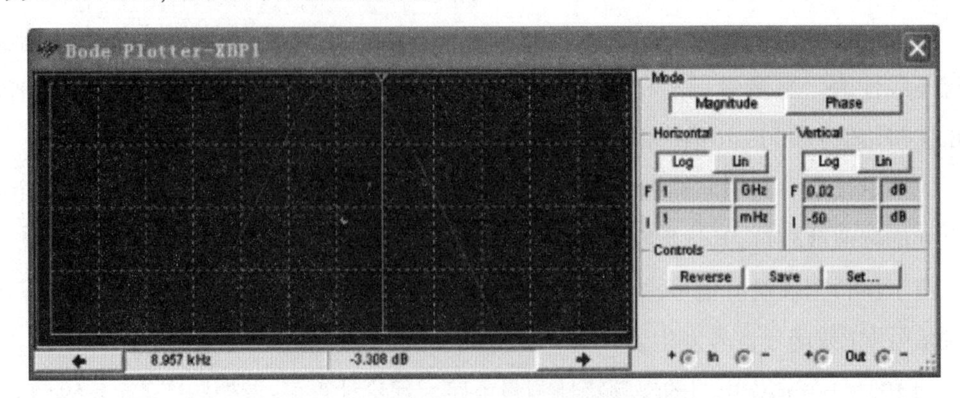

图 12　串联谐振电路的上限频率测量图

图 13 为串联谐振电路的下限频率测量图,在 20lg 0.707=-3.012 dB 时,对应的频率为 275.935 Hz,这个频率近似为下限频率。频带宽度为:10.71 kHz-2.28 kHz=8.4 kHz。

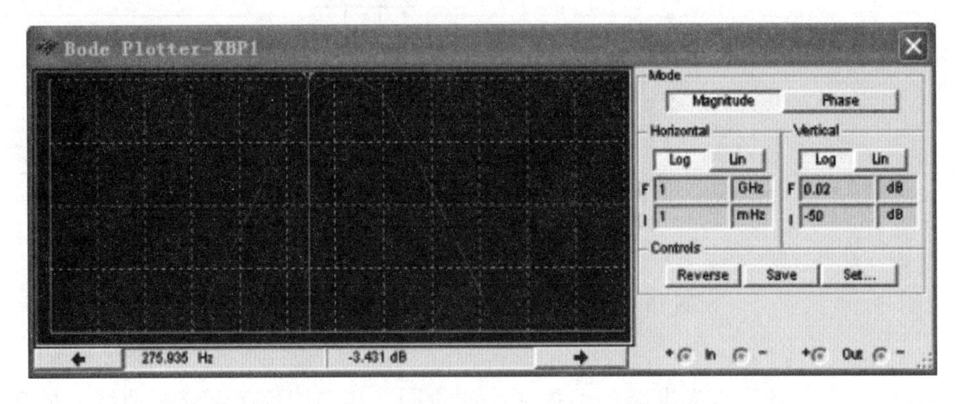

图 13　串联谐振电路的下限频率测量图

4.2　元件伏安特性的测试

1. 测定线性电阻的伏安特性

(1)取元件。

①基本元件由基本元件列中取出,如电阻 R 均可点击 取用。

②电池及接地符号取自电源元件列,可点击 取用。

③电压表、电流表取自指示元件列,可点击 取用。

在元件列中，有些按钮可以自定义值，如电阻 。

(2)具体操作。

如图 1 所示接好电路，双击电压表、电流表符号，得到相关数据；改变电源的值，再次得到相关数据，并将数据填入表 1(改变电源值的方法：双击电压符号，在 Voltage 中改变电源值)。

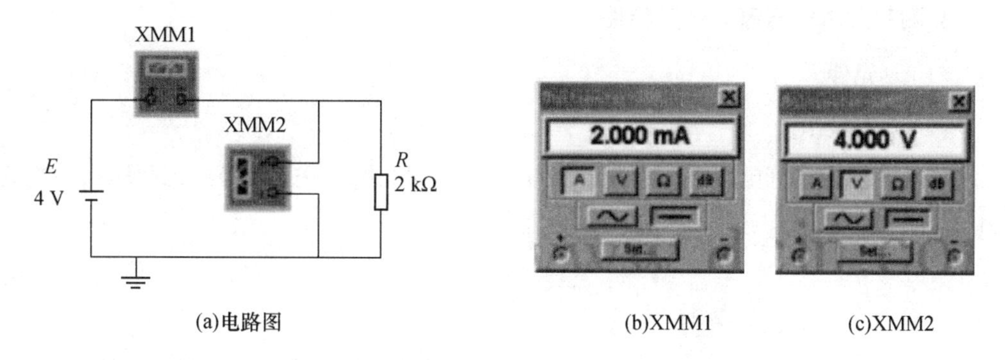

图 1　元件伏安特性测量

表 1　测量数据

U/V	0	2	4	6	8	10
$R=100\ \Omega$						
$R=2\ \text{k}\Omega$						

2. 测定理想电压源的伏安特性

(1)取元件。

(2)具体操作。

如图 2 所示接好电路，双击电压表、电流表符号，得到相关数据；改变负载，再次得到相关数据，并将数据填入表 2。

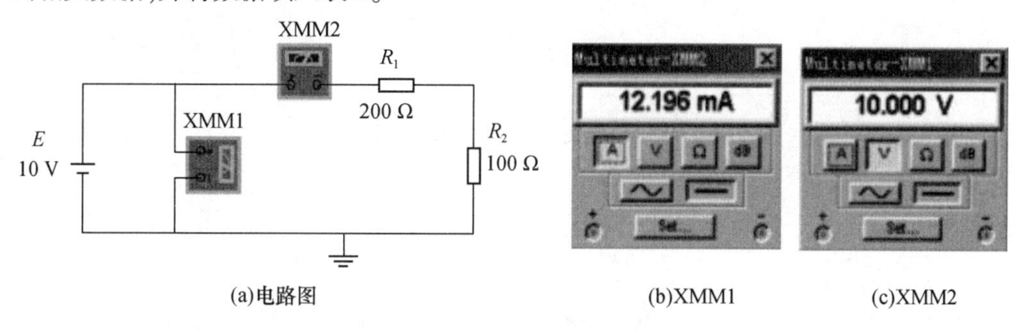

图 2　理想电压源伏安特性测量

表 2　测量数据

R_2/Ω	620	510	390	300	200	100
U/V						
I/mA						

3. 测定实际电压源的伏安特性

(1)取元件。

(2)具体操作。

如图 3 所示接好电路,双击电压表、电流表符号,得到相关数据;改变负载,再次得到相关数据,并将数据填入表 3。

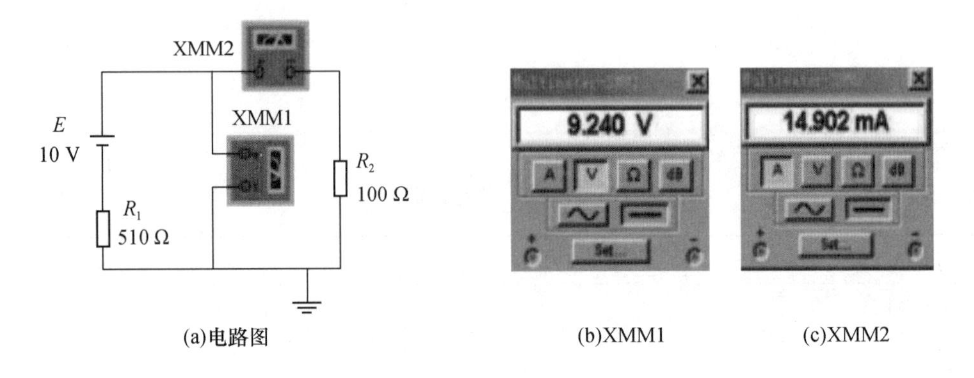

(a)电路图　(b)XMM1　(c)XMM2

图 3　实际电压源伏安特性测量

表 3　测量数据

R_2/Ω	开路	620	510	390	300	200	100
U/V	10						
I/mA	0						

4.3　基尔霍夫定律

(1)取元件。

(2)具体操作。

如图 1 所示接好电路,双击电压表和电流表符号,得到数据并填入表 1。

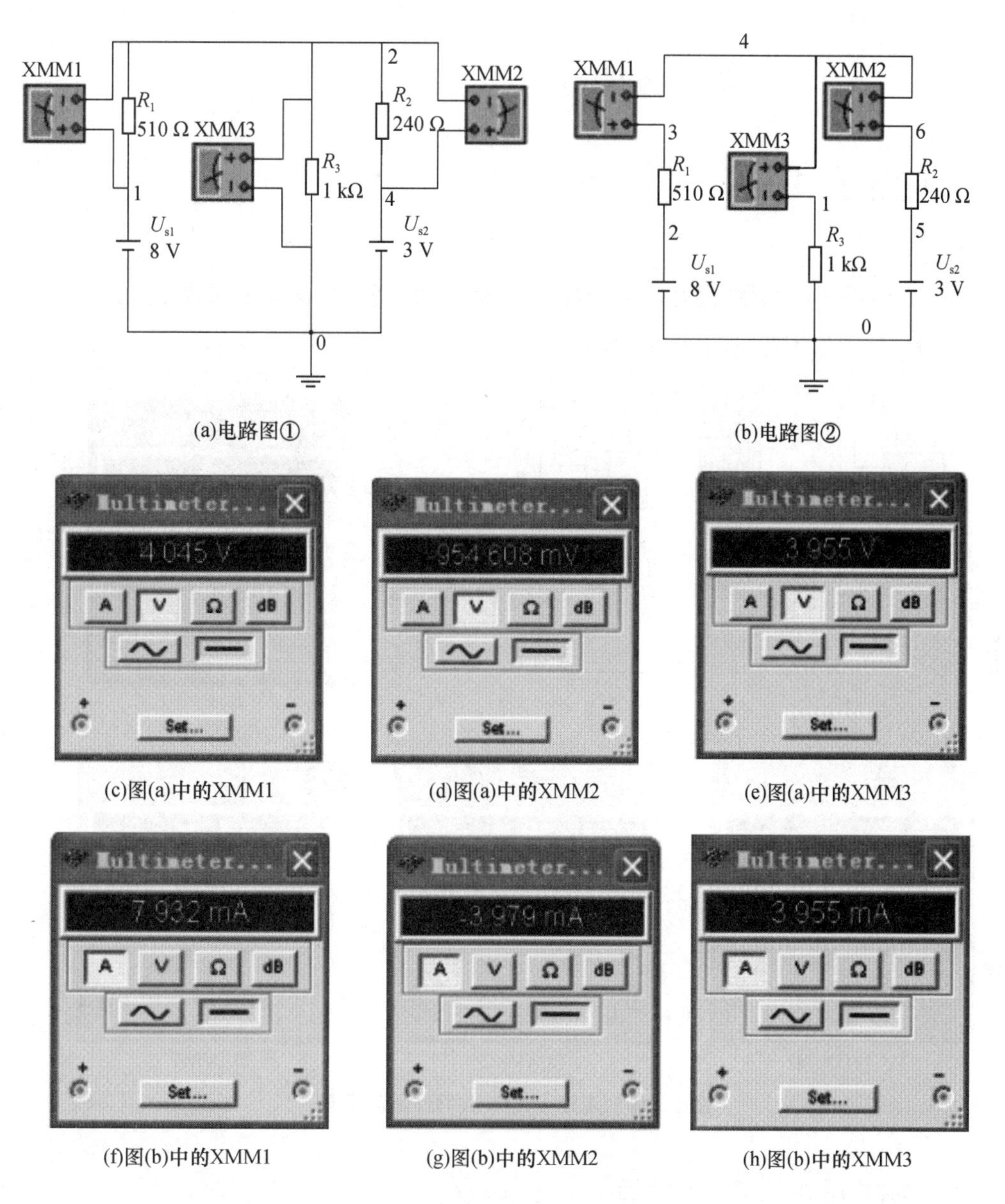

(a)电路图①　(b)电路图②

(c)图(a)中的XMM1　(d)图(a)中的XMM2　(e)图(a)中的XMM3

(f)图(b)中的XMM1　(g)图(b)中的XMM2　(h)图(b)中的XMM3

图1　基尔霍夫定律测量图

表1　测量数据

被测量	I_1/mA	U_1/V	I_2/mA	U_2/V	I_3/mA	U_3/V
理论值						
测量值						
相对误差						

4.4 叠加定理与戴维南定理

1. 叠加定理

(1)取元件。

(2)具体操作:如下图接好电路,双击电压表符号,得到数据并填入表 1。

U_1、U_2 共同作用测量图如图 1 所示。

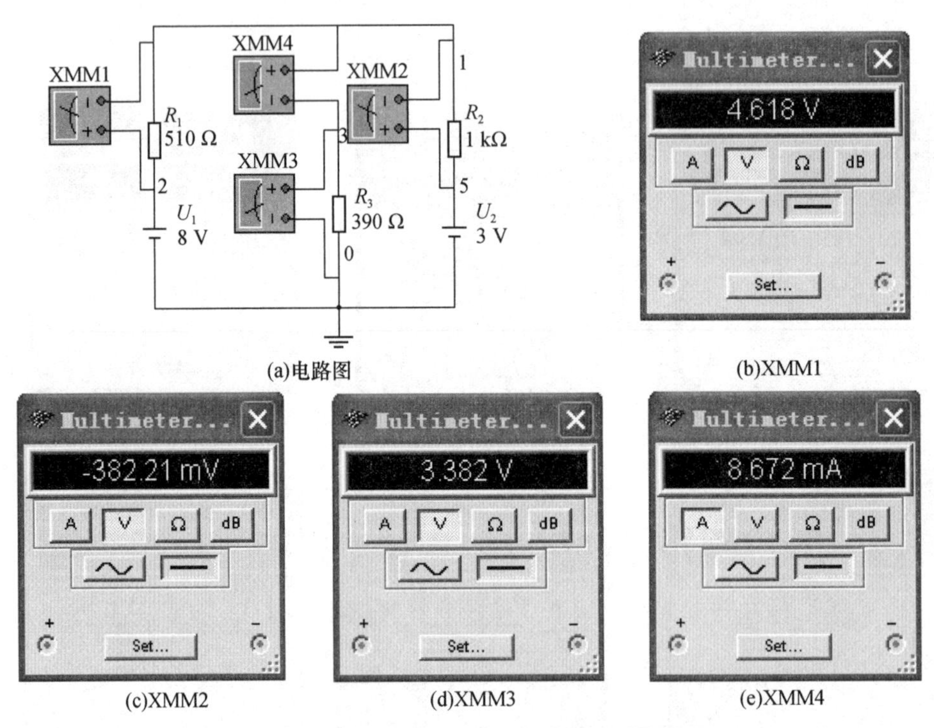

(a)电路图 (b)XMM1

(c)XMM2 (d)XMM3 (e)XMM4

图 1 叠加定理 U_1、U_2 共同作用测量图

U_1 单独作用测量图如图 2 所示。

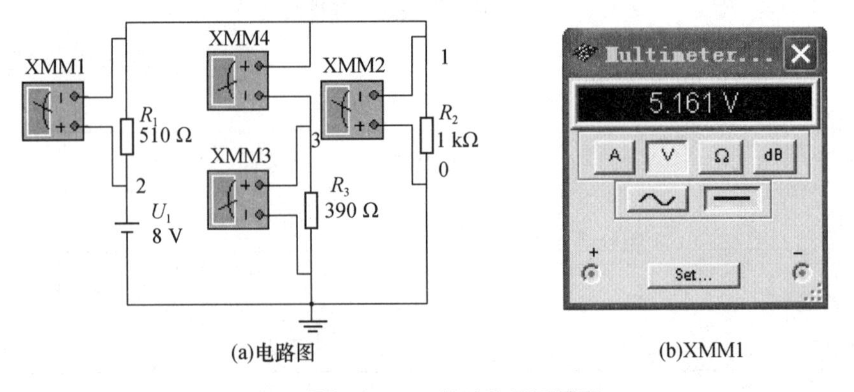

(a)电路图 (b)XMM1

图 2 叠加定理 U_1 单独作用测量图

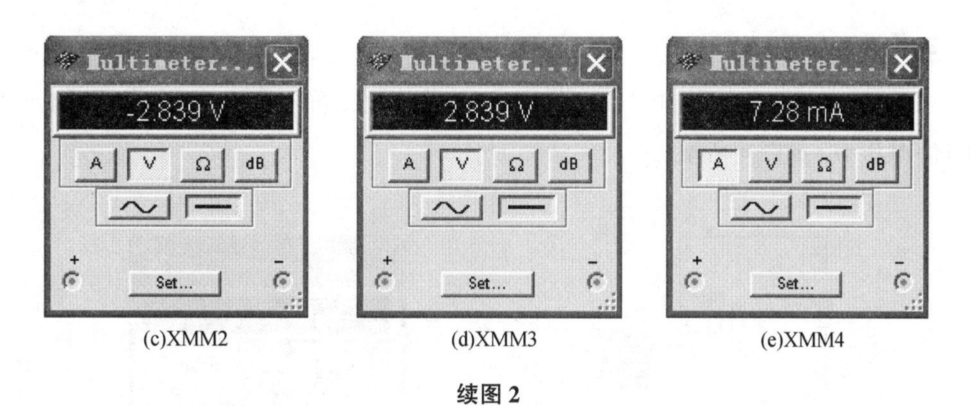

(c)XMM2　(d)XMM3　(e)XMM4

续图 2

U_2 单独作用测量图如图 3 所示。

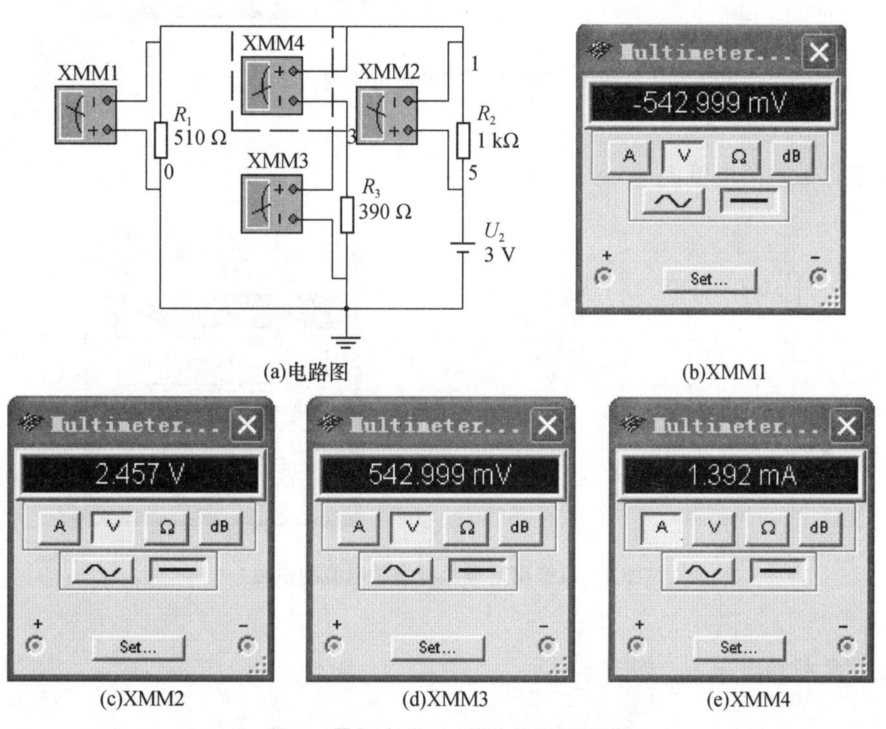

(a)电路图　(b)XMM1

(c)XMM2　(d)XMM3　(e)XMM4

图 3　叠加定理 U_2 单独作用测量图

表 1　测量数据

作用方式	U_{R_1}			U_{R_2}			U_{R_3}		
	测量值	计算值	相对误差	测量值	计算值	相对误差	测量值	计算值	相对误差
U_1、U_2 同时作用									
U_1 单独作用									
U_2 单独作用									

2. 戴维南定理

取元件，接好电路，双击电压表，得到数据，并将数据填入表 2。测定有源二端网络的开路电压 U_{oc} 如图 4 所示。

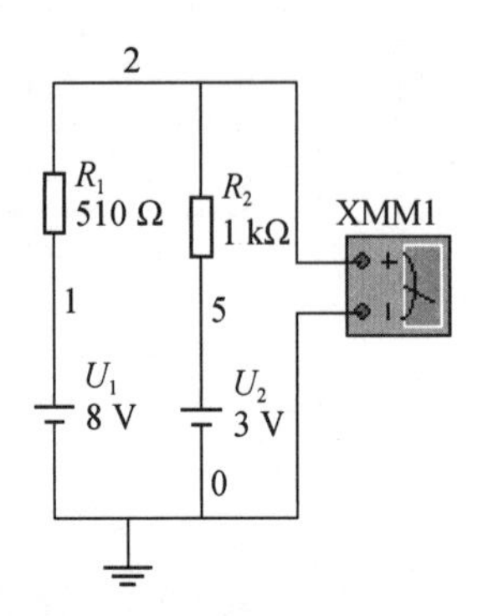

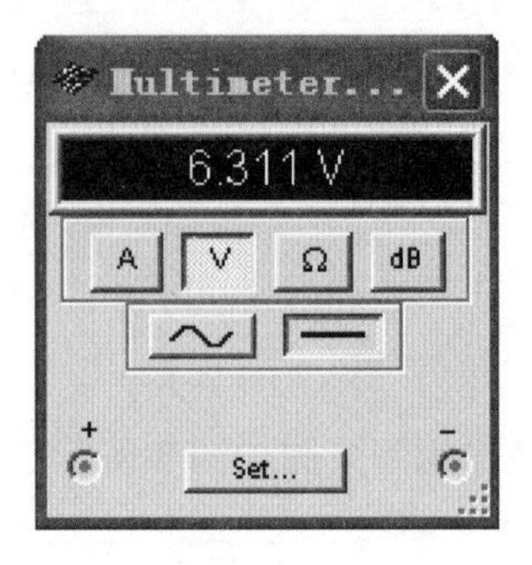

图 4　戴维南定理开路电压测量图

测定负载短路电流 I_{sc} 如图 5 所示。

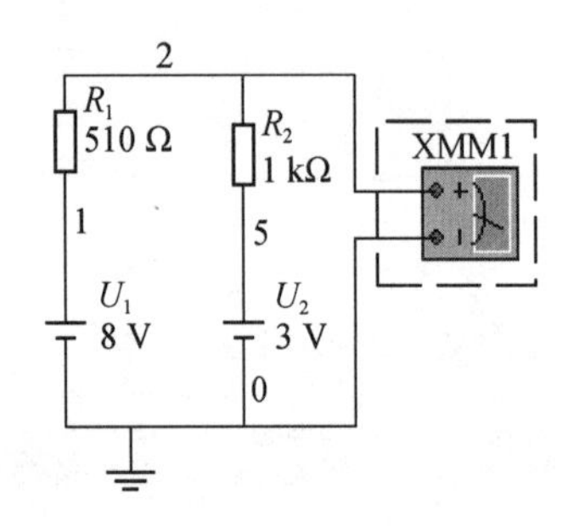

图 5　戴维南定理负载短路电流测量图

测定负载端电压 U_{R_L} 如图 6 所示。

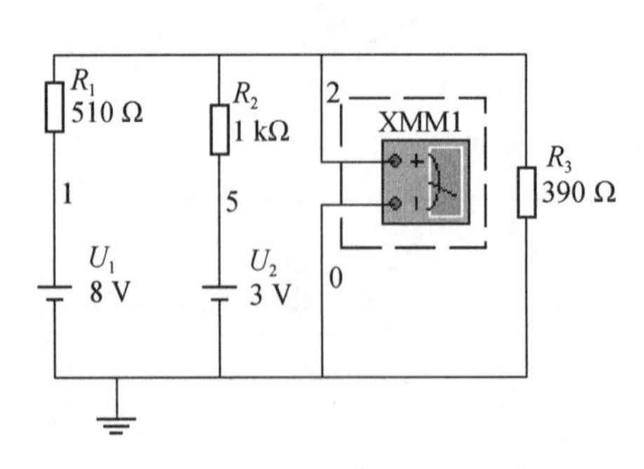

图 6　戴维南定理负载端电压测量图

取两侧测量的平均值作为 R_{eq}。

表 2　测量数据

	计算值	测量值	相对误差
U_{oc}			
U_{R_L}			
I_{sc}			
R_{eq}			

3. 测定有源二端网络的外特性

取元件，如图 7 所示接好电路，双击电压表、电流表符号，得到数据。测量电压 U 和电流 I（设定 $R_3=R_L=800\ \Omega$）。

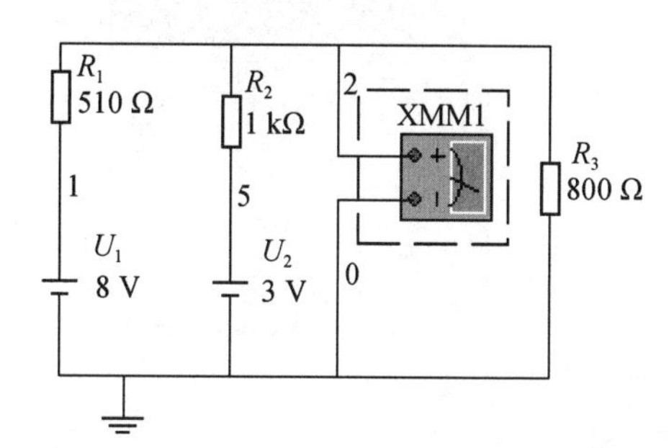

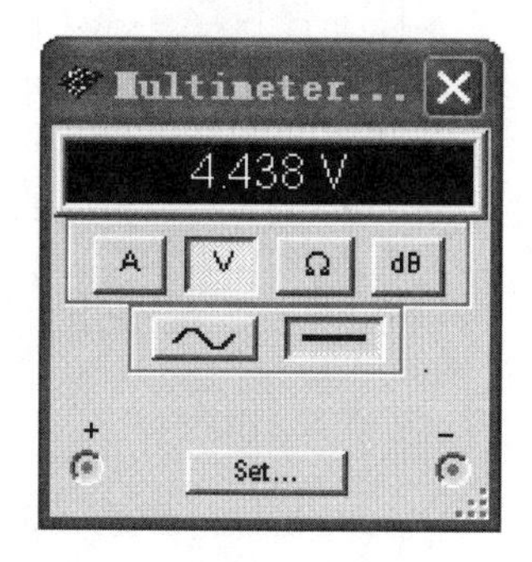

（a）测量电压 U

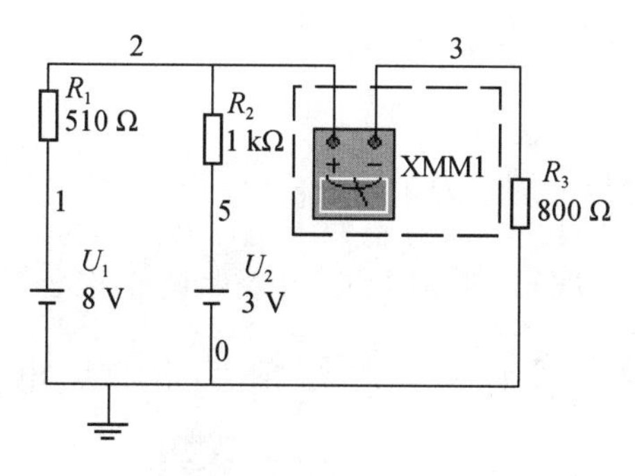

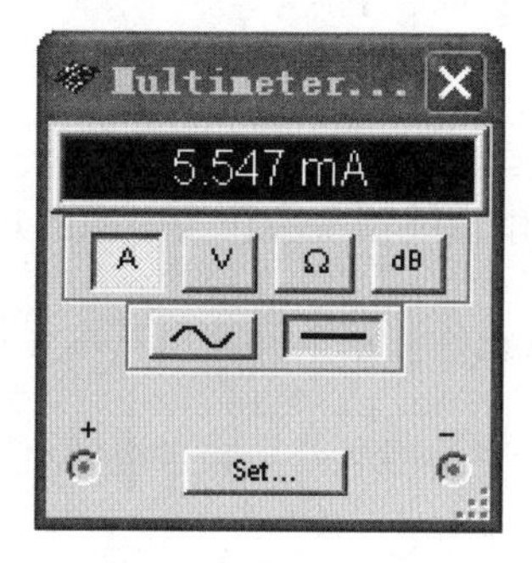

（b）测量电流 I

图 7　有源二端网络的外特性测量图

4. 测定戴维南等效电路的外特性

取元件，如图 8 所示接好电路，双击电压表、电流表符号，得到数据。测量电压 U 和

电流 I（设定 $R_L=1\ 500\ \Omega$）。

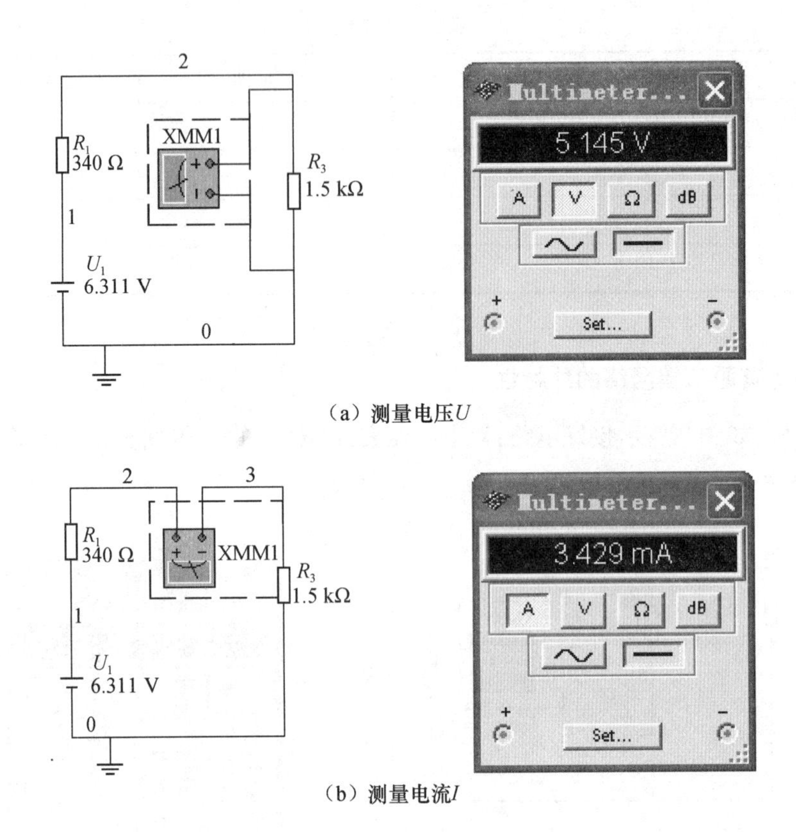

（a）测量电压U

（b）测量电流I

图 8　戴维南等效电路的外特性测量图

4.5　一阶积分微分电路

（1）用示波器观察作为电源的矩形脉冲，周期为 $T=1$ ms。

①取元件。基本元件由基本元件列中取出，如电容可点击取之，电感可点击取之。电池及接地符号取自电源/信号源元件列，可点击取之；电压表、电流表取自指示元件列，可点击取之；示波器取自指示元件列，可点击取之；信号源取自指示元件列，可点击取之。

②具体操作。双击示波器得到电源波形，示波器观察矩形波信号测量图如图 1 所示。

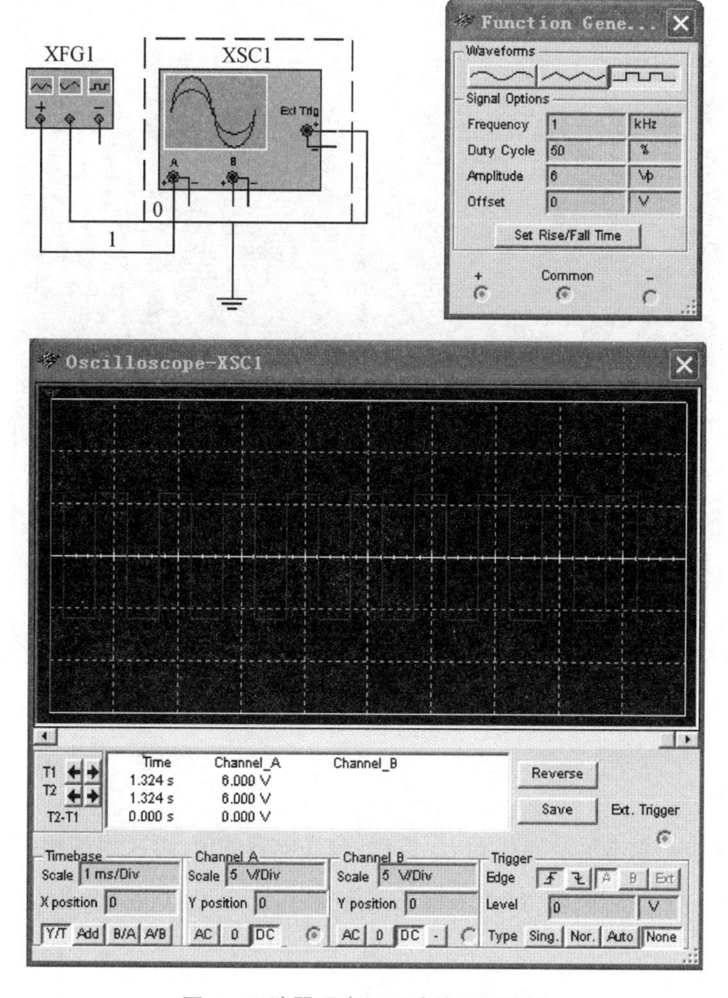

图 1　示波器观察矩形波信号测量图

(2)按图 2 所示接线,使 $R=10\ \mathrm{k\Omega}$,得出 $C=0.01\ \mu\mathrm{F}$、$C=0.1\ \mu\mathrm{F}$、$C=1\ \mu\mathrm{F}$ 时的波形。

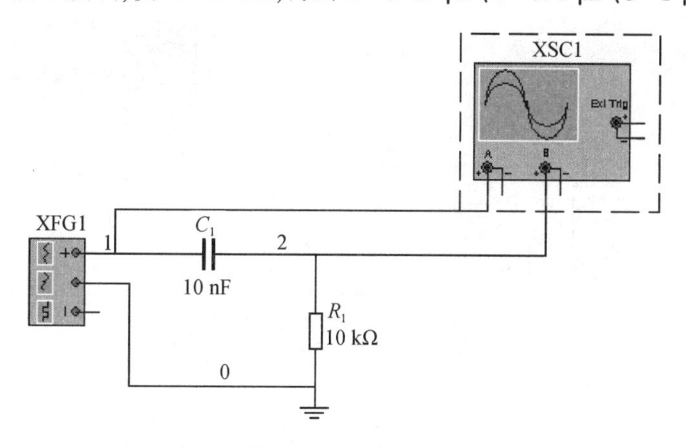

图 2　示波器观察微分电路测量图

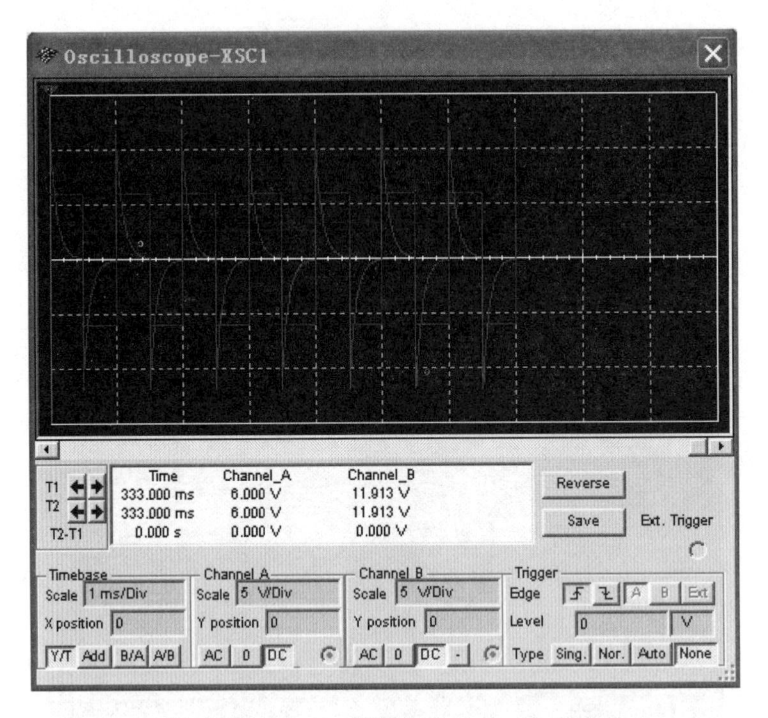

续图 2

①取元件。

②具体操作。双击示波器得到 U_R 波形;改变电容的值,再次得到相关波形。

(3)按图 3 所示接线,使 $R=10\ \text{k}\Omega$,分别观察和记录 $C=0.5\ \mu\text{F}$ 及 $C=0.1\ \mu\text{F}$ 时的波形。

①取元件。

②具体操作。双击示波器得到 U_C 波形;改变电容的值,再次得到相关波形。

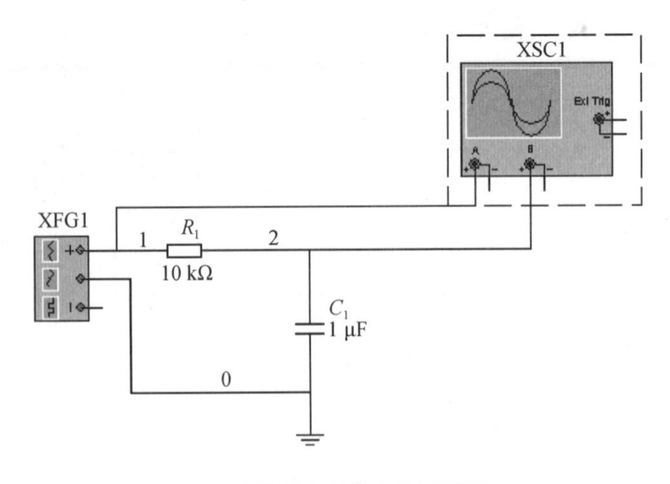

图 3　示波器观察积分电路测量图

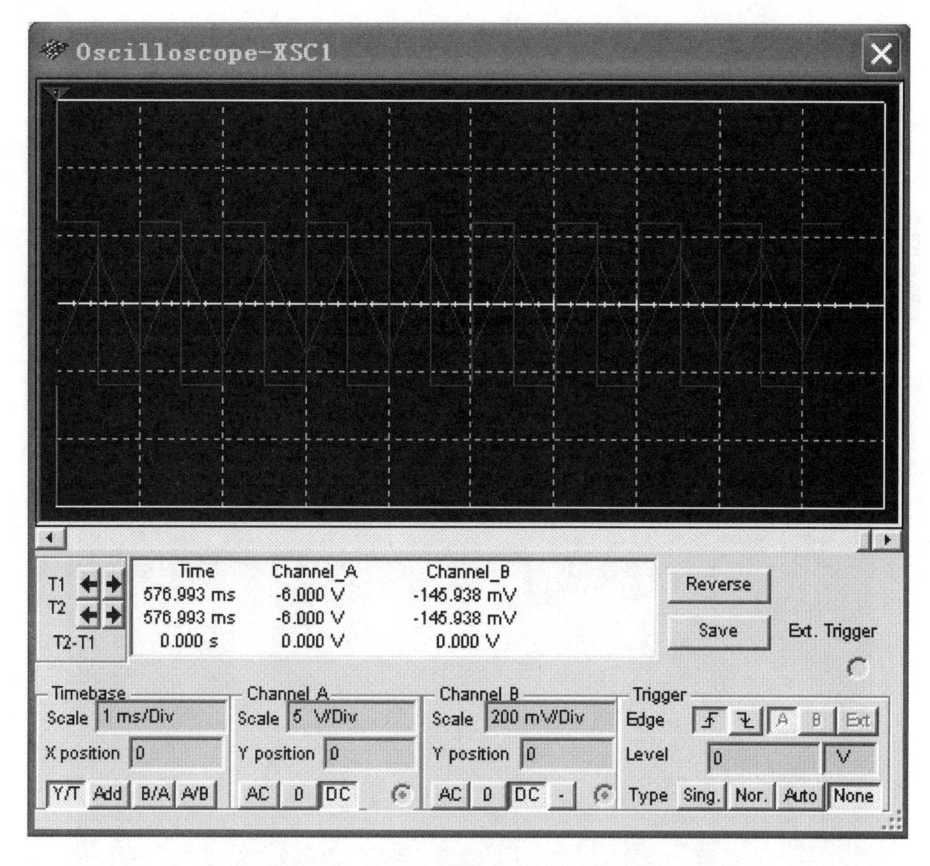

续图 3

(4)编辑一个 RC 串联电路,使 $C=20$ μF,方波信号的幅值为 10 V,周期为 1 ms,占空比为 50%,对电阻进行参数扫描分析,分别观察电阻电压和电容电压的暂态响应,以确定获得尖峰脉冲和锯齿波脉冲输出所需电阻的取值范围。

①取元件。

②具体操作。双击示波器得到 U_C 波形;改变电容的值,再次得到相关波形。

4.6　二阶动态电路

(1)按图 1 所示电路接线,$L=200$ mH,$C=100$ nF,接入 $T=10$ ms 的矩形脉冲观察 $R=500\ \Omega$ 和 $R=2\ \mathrm{k}\Omega$ 两种情况下 U_C 的波形。

①取元件。

②具体操作。双击示波器得到 U_C 波形;改变电阻的值,再次得到相关波形。

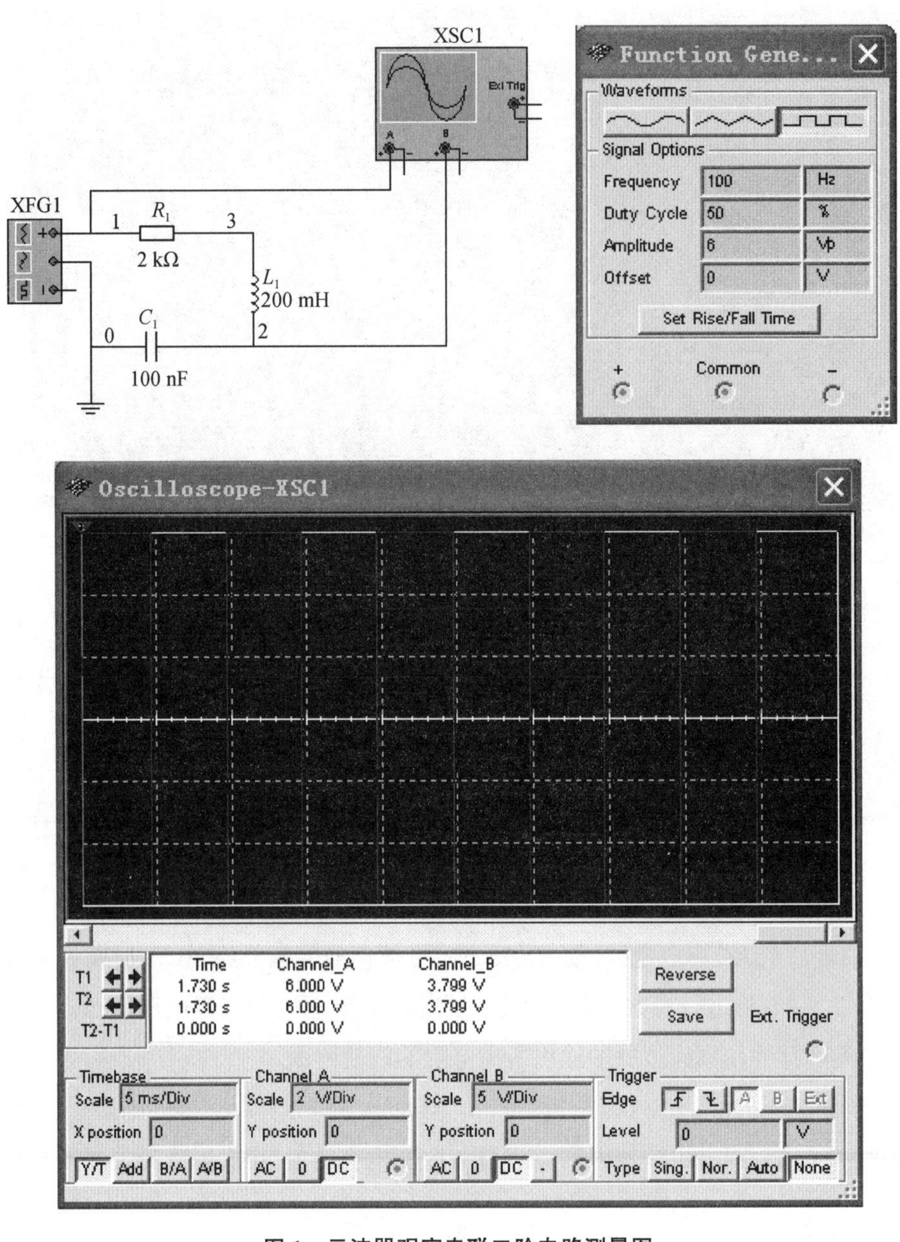

图 1　示波器观察串联二阶电路测量图

(2)按图 2 所示电路接线，$L=200$ mH，$C=100$ nF，接入 $T=10$ ms 的矩形脉冲观察 $R=4$ kΩ 情况下 U_C 的波形。

①取元件。

②具体操作。双击示波器得到 U_C 波形；改变电阻的值（$R=500$ Ω 和 $R=270$ kΩ），再次得到相关波形。

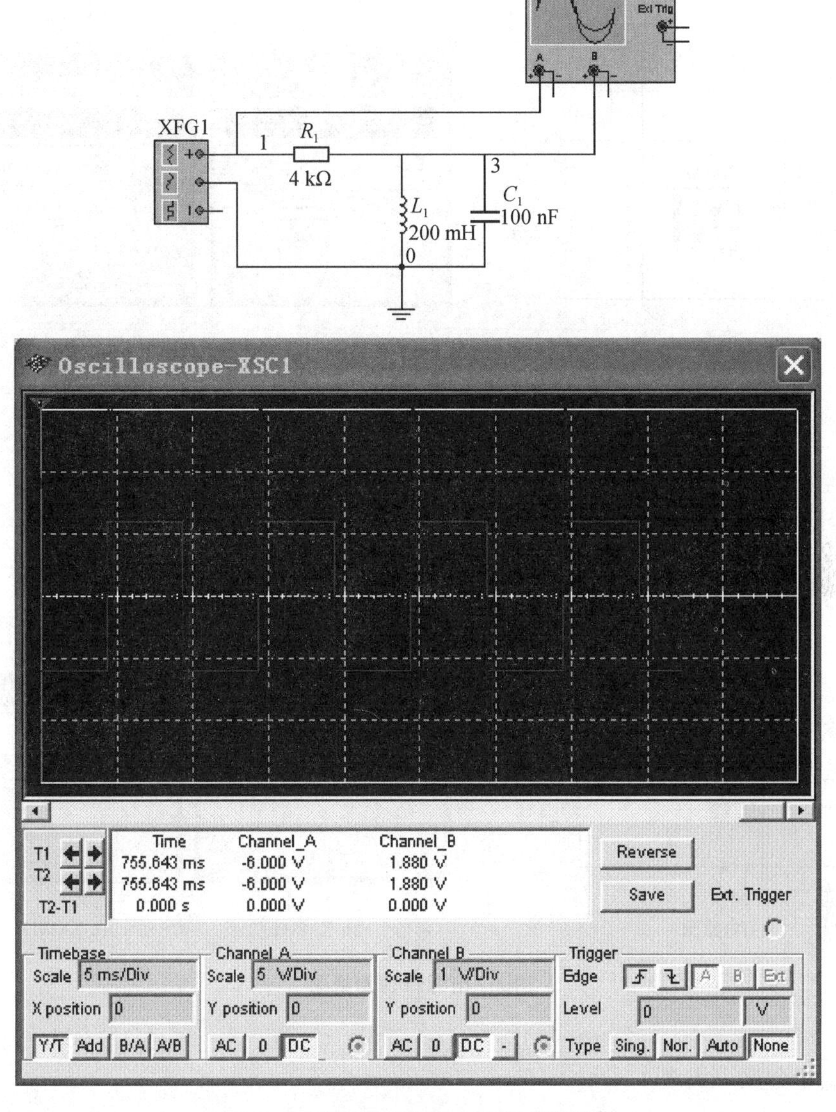

图 2 示波器观察并联二阶电路测量图

4.7 *R*、*L*、*C* 元件性能的研究

(1)测定电阻、电感和电容元件的交流阻抗及其参数。

①从电源元件列中取正弦波电压源。

②具体操作。如图 1 所示接好电路,双击电流表符号得到数据,改变信号源的值(在 Frequency 空格处设定频率,在 Voltage RMS 空格处设定输出电压有效值),得到相

关数值测定电阻的交流阻抗及其参数。

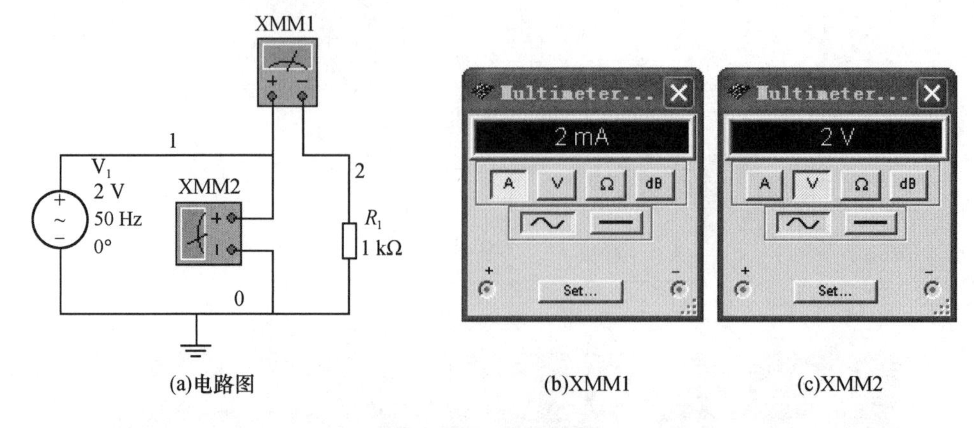

(a)电路图　(b)XMM1　(c)XMM2

图 1　电阻特性测量图

如图 2 所示接好电路，测定电感元件的交流阻抗及其参数。

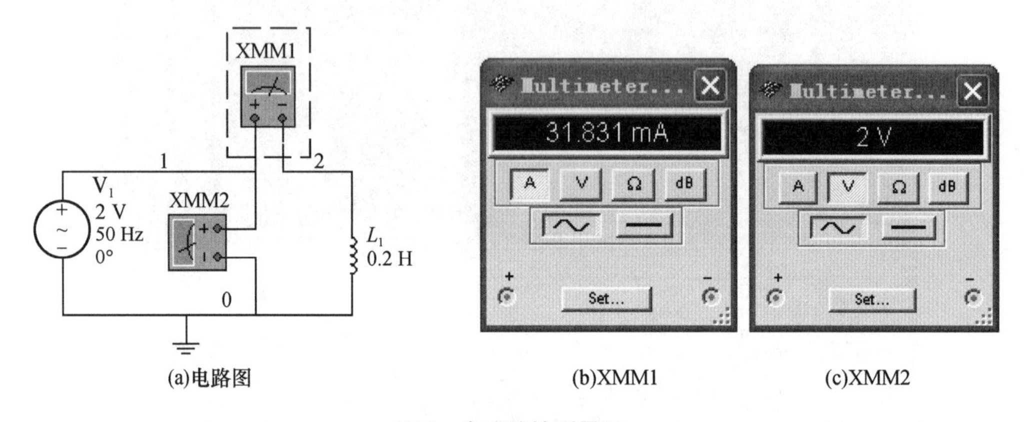

(a)电路图　(b)XMM1　(c)XMM2

图 2　电感特性测量图

将测量数据填入表 1。

表 1　测量数据

测量元件	U/V	0	2	4	6	8	10
$R=1\ \text{k}\Omega$	I_R/mA						
$L=0.2\ \text{H}$	I_L/mA						
$C=1\ \mu\text{F}$	I_C/mA						

(2)测定阻抗和频率的关系。

①取元件。

②具体操作。如图 3 所示接好电路，将信号发生器的输出电压调至 5 V，分别测量在不同频率时各元件上的电流值，双击电流表符号，得到测量数据，并将数据填入表 2。

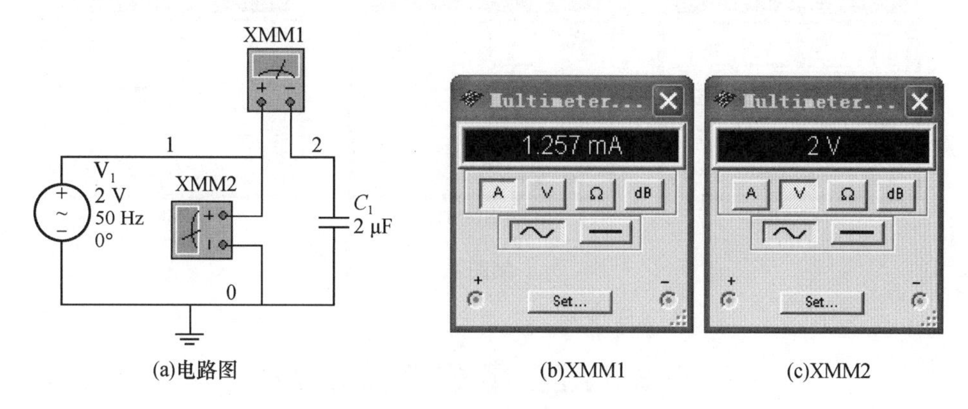

(a)电路图　　(b)XMM1　　(c)XMM2

图 3　电容特性测量图

表 2　测量数据

被测元件	$R=1\ \mathrm{k\Omega}$			$L=0.2\ \mathrm{H}$			$C=2\ \mu\mathrm{F}$		
信号源频率/Hz	50	100	200	50	100	200	50	100	200
电流/A									
阻抗/Ω									

(3) R、L、C 全部并联接入电路中，保持信号源频率 $f=50$ Hz，输出电压 $U=5$ V，测量各支路电流及总电流，从而验证基尔霍夫定律的正确性。

①取元件。

②具体操作。如图 4 所示接好电路，测量各支路电流及总电流。

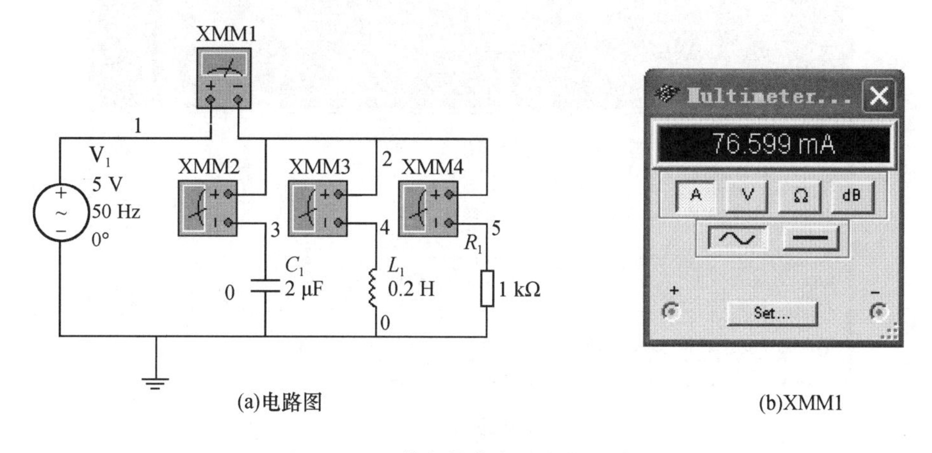

(a)电路图　　(b)XMM1

图 4　*RLC* 基尔霍夫电流定律测量图

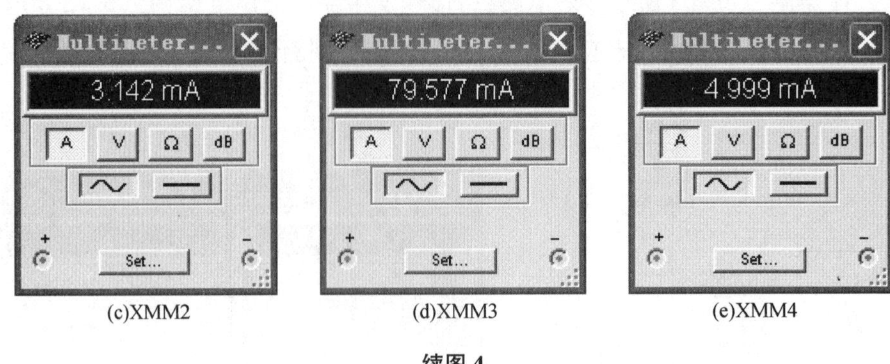

(c)XMM2 (d)XMM3 (e)XMM4

续图 4

4.8 *RLC* 串联谐振电路

(1)测试电路的谐振频率。

①取元件。

②具体操作。如图 1 所示接好电路,改变输入电源的频率,使电路达到串联谐振状态,当观察到 U_R 最大时电路发生谐振,此时的频率即为 f_0。

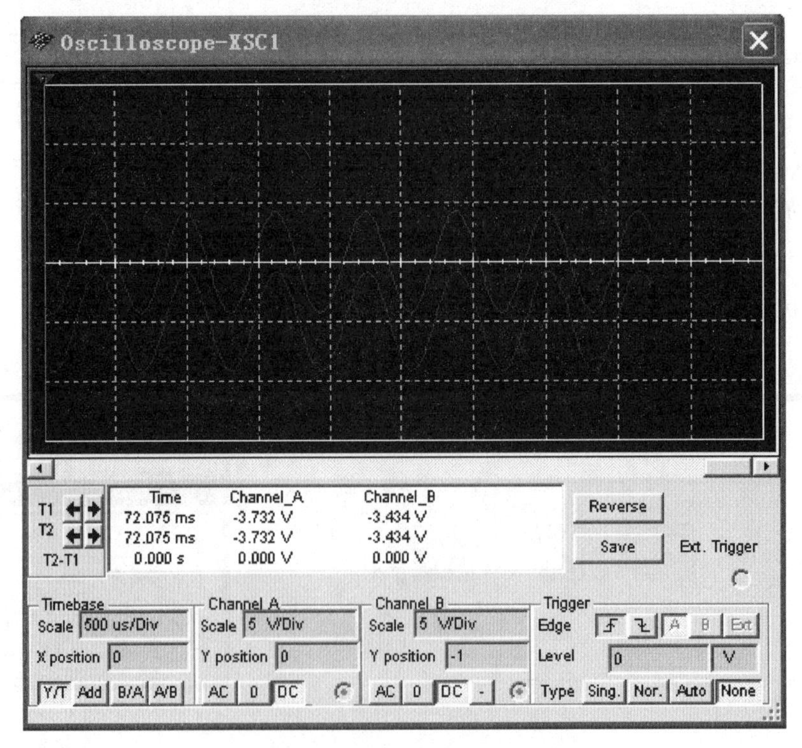

图 1　电路谐振测量图

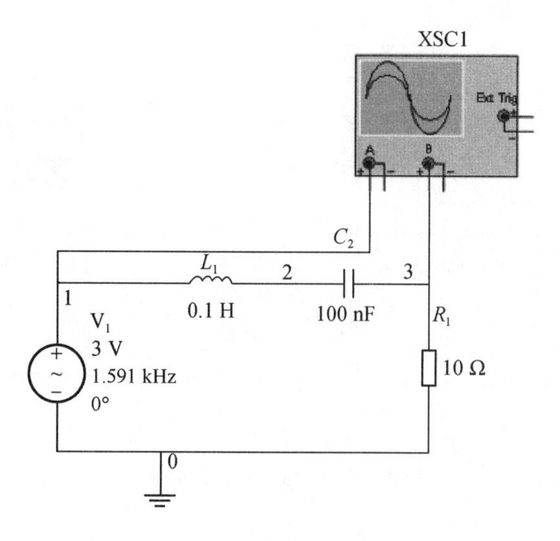

续图 1

或者：$R=100\ \Omega$，$C=0.1\ \mu F$，L 为最大为 0.2 mH 的可调电感，正弦电压源的有效值为 5 V，频率为 50 kHz，在窗口编辑实验电路时，选择正弦电压源（有效值和频率可以通过双击其符号进行修改），选择可调电感，按键盘“A”键可增大其电感量，按键盘“Shift+A”组合键可减小其电感量；R 和 C 都选用虚拟元件。单击仪器仪表工具栏中虚拟双通道示波器按钮，用其中一个通道观察正弦电压源的波形，用另一个通道观察电阻电压的波形。按下仿真按钮，不断调节电感参数，当电源电压和电阻电压形状大小相等、相位差为 0 时，电路处于谐振状态。请思考：当电路处于谐振状态时，增大或减小电感量，电路呈容性还是感性？

在该电路中也可以用虚拟数字万用表的电压挡测试电阻电压的有效值。在调节电感参数的过程中，当电阻电压的有效值与电源电压的有效值相等时，电路处于谐振状态。请思考：当电路处于谐振状态时，应如何测量并计算电路的品质因数？

（2）测量电路的幅频特性。

①取元件。

②具体操作。如图 2 所示接好电路，改变输入电源的频率，在 f_0 附近选择几个测试点测试 U_L、U_C、U_R 的值，计算电流 I 的值，并将数据填入表 1。

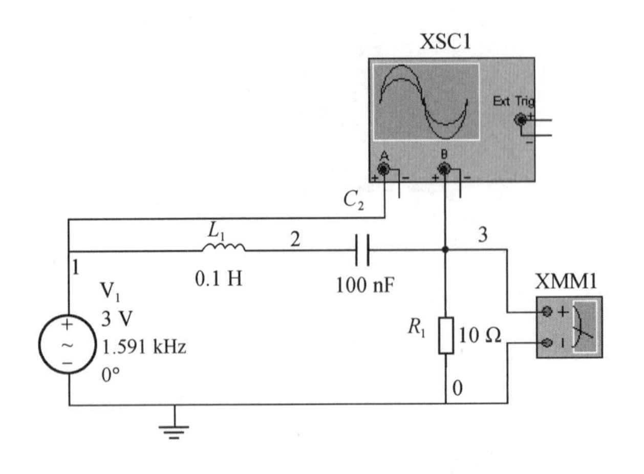

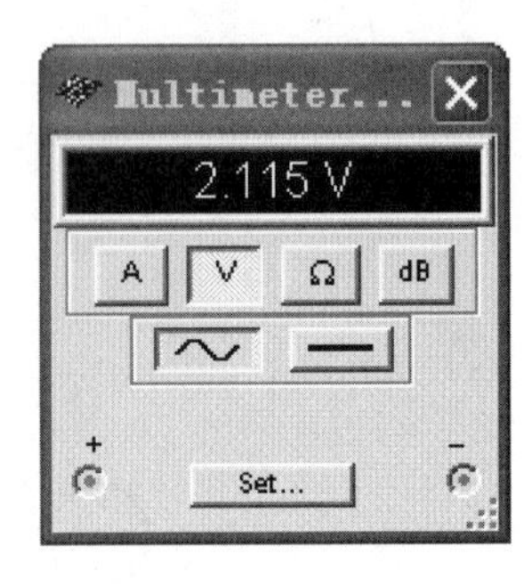

图 2　电路幅频特性测量图

表 1　测量数据

f/Hz				f_0				
U_L/V								
U_C/V								
U_R/V								
I/mA								

(3)测量电路的相频特性。

①取元件。

②具体操作。如图 3 所示接好电路,改变输入电源的频率,在 f_0 附近选择几个测试点,从示波器上显示的电压和电流波形测量出每个测试点电压与电流之间的相位差 $\varphi=\varphi_u-\varphi_i$,并记录数据。

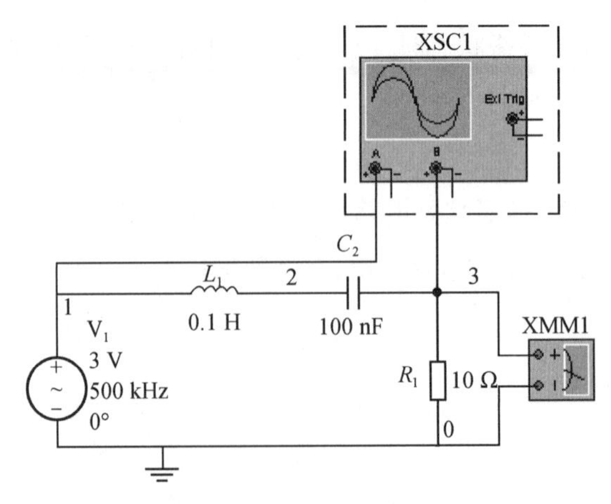

图 3　电路相频特性测量图

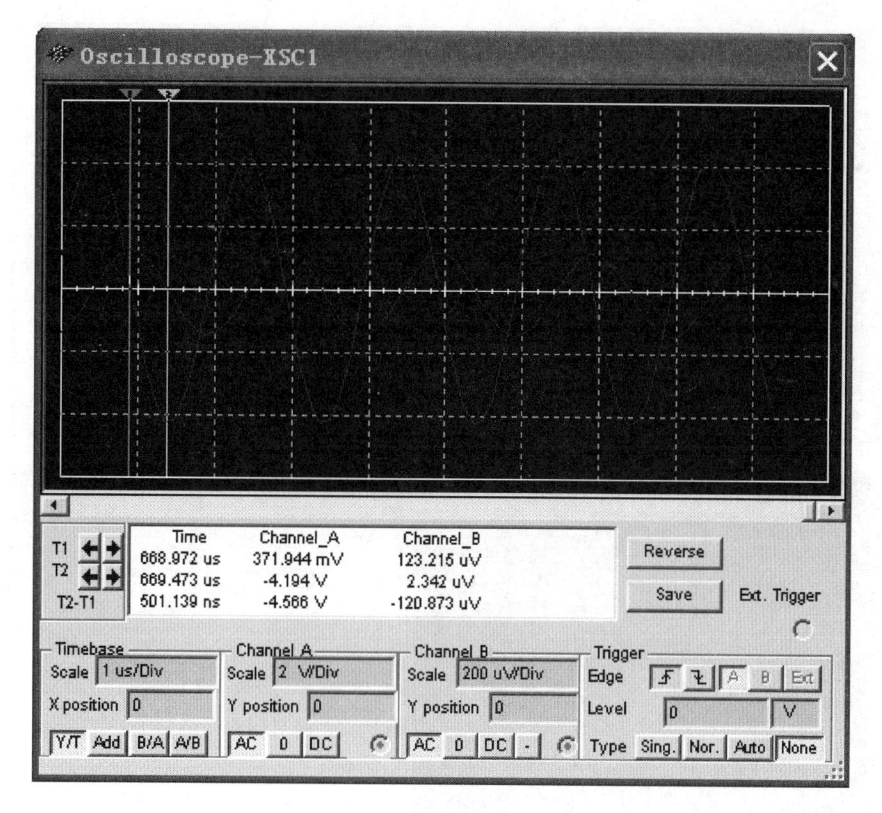

续图 3

(4)用波特图仪测量电路的频率特性。

①取元件。从仪器列表取波特图仪。

②具体操作。如图 4 所示连接电路,双击波特图仪(因为波特图以电压为参考量,故幅频、相频特性与之前的结果不同)。

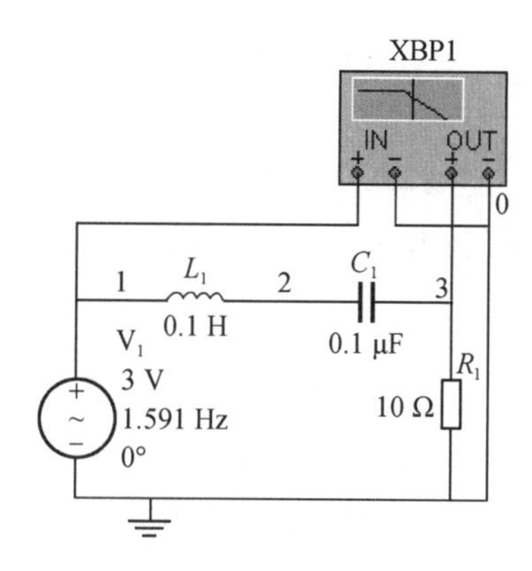

图 4　电路频率测量图

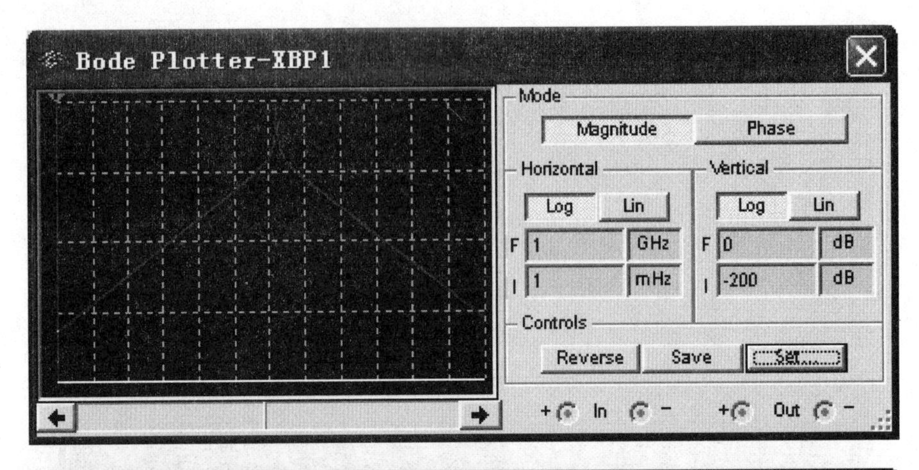

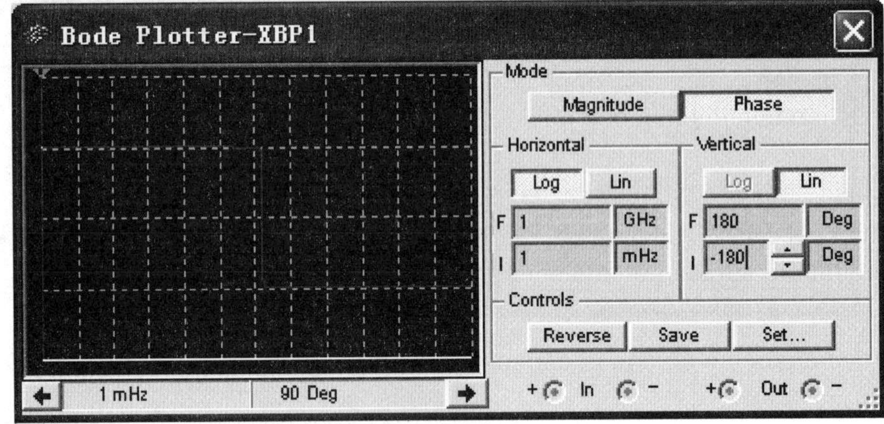

续图 4

4.9 三相电路

(1)取元件。

一个 Y 型结三相电源,其中 $U=220$ V,$f=50$ Hz,对称 Y 型结三相负载为纯电阻,其大小为 50 Ω。选择中性线开关,该开关由“A”键控制其断开和闭合,电路编辑完毕后进行如下仿真。

(2)具体操作。

①用 3 个虚拟数字万用表的交流电压挡分别测量 3 个负载的相电压,观测在中性线接通和断开的情况下,负载的相电压是否发生变化。对称 Y 型三相电路测量图如图 1 所示。

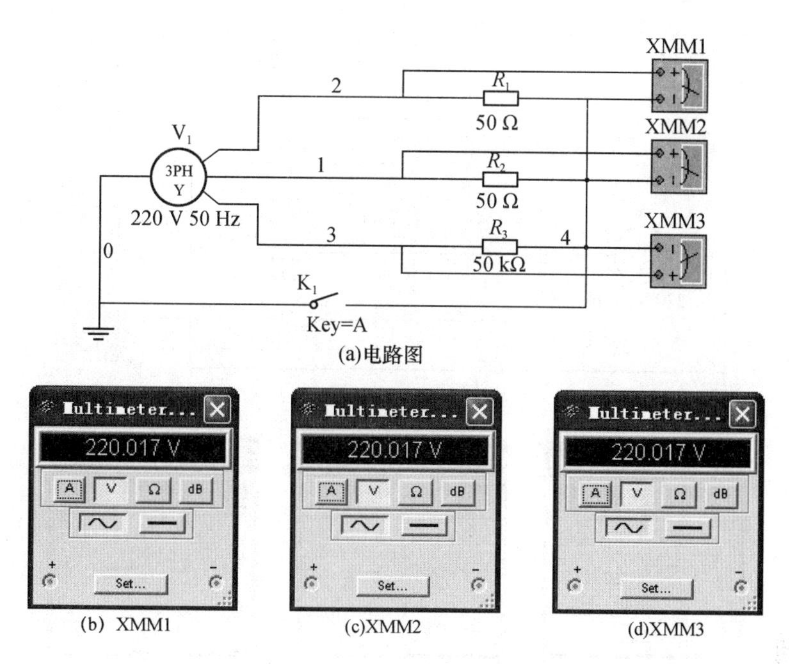

(a)电路图

(b) XMM1　(c)XMM2　(d)XMM3

图 1　对称 Y 型三相电路测量图

②将 A 相负载并联一个 50 Ω 的电阻,B 相负载并联一个 100 Ω 的电阻,再观测在中性线开关闭合和断开的情况下,负载相电压的变化情况,测量图分别如图 2 和图 3 所示。

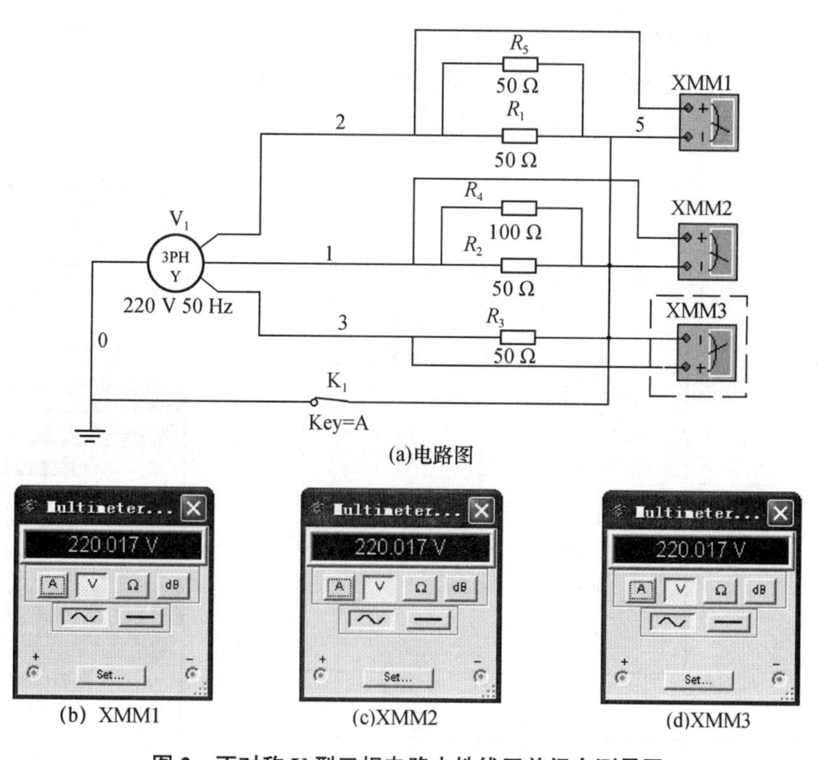

(a)电路图

(b) XMM1　(c)XMM2　(d)XMM3

图 2　不对称 Y 型三相电路中性线开关闭合测量图

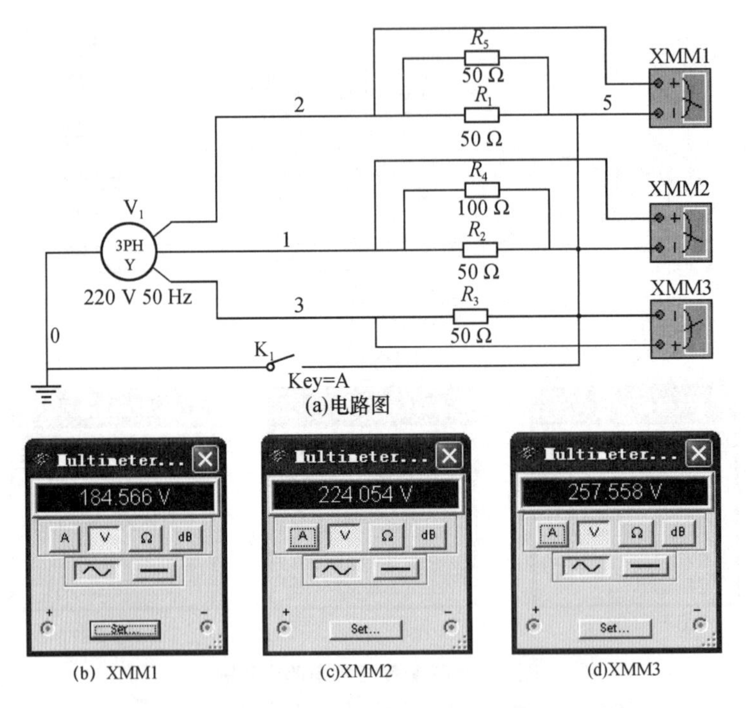

(a)电路图

(b) XMM1 (c)XMM2 (d)XMM3

图 3 不对称 Y 型三相电路中性线开关断开测量图

③保持三相负载不对称,断开中性线开关,用虚拟功率表测量每相负载的功率,计算出三相总功率;然后用两瓦计法测量并计算三相总功率,观察二者测量结果是否相等,以此说明两瓦计法测量三相总功率的适用条件。三相总功率测量图如图 4 和图 5 所示。

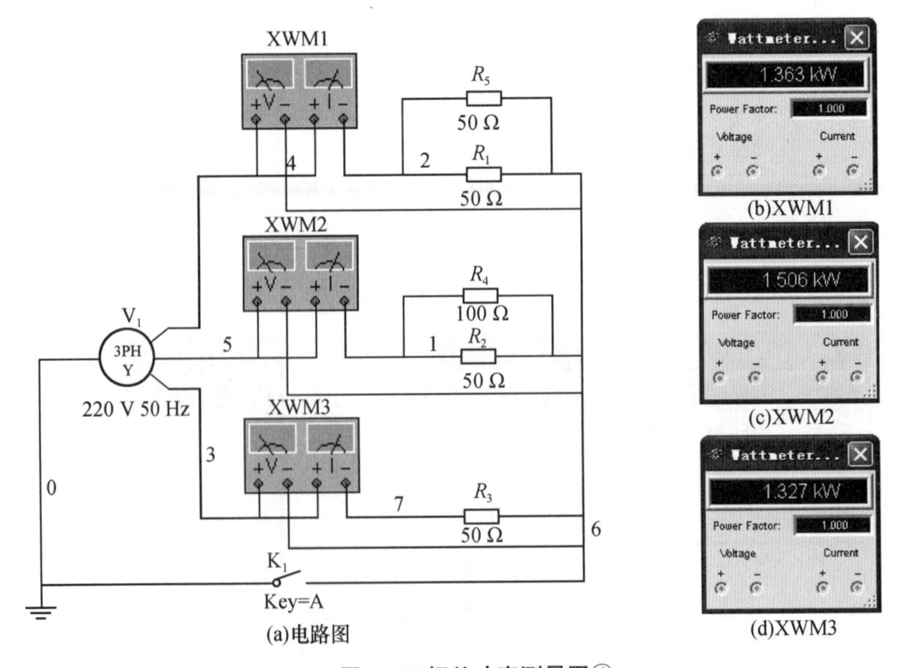

(a)电路图

(b)XWM1 (c)XWM2 (d)XWM3

图 4 三相总功率测量图①

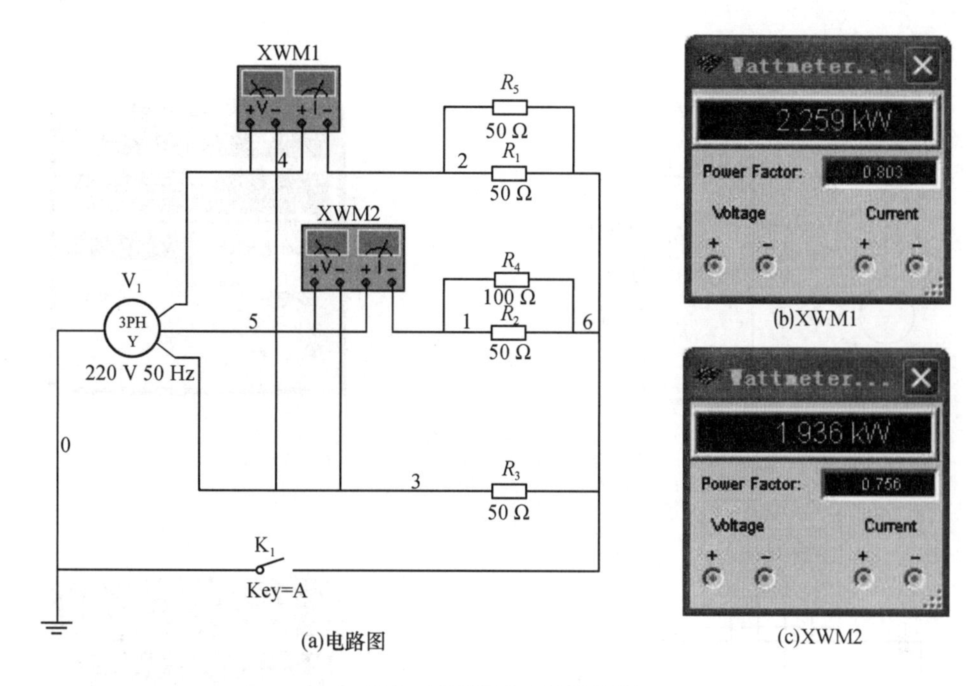

(a)电路图　(b)XWM1　(c)XWM2

图 5　三相总功率测量图②

4.10　功率因数的提高

(1)取元件。

一个感性负载,其中 $R=230\ \Omega$,$L=1.9\ \mathrm{H}$,所加正弦电压的有效值为 220 V,频率为 50 Hz。

(2)具体操作。

编辑好该电路,用虚拟数字功率表测量该负载的有功功率和功率因数,然后在该负载两端并联一个可变电容,调节电容的大小,再测量电路的总功率和功率因数,观察总功率是否发生变化,并记录下使电路总的功率因数为 1 时所并联电容的大小。功率因数提高测量图如图 1 所示。

注意:每次改变电容大小时,必须重新进行仿真,并且要等待虚拟数字功率表的读数稳定之后再进行记录。可变电容最初选择 10 μF,首先确定一个大致范围使总的功率因数为 1,然后再减小可变电容的最大值,并减小电容调节的步长进行微调,以确定精确的数值。

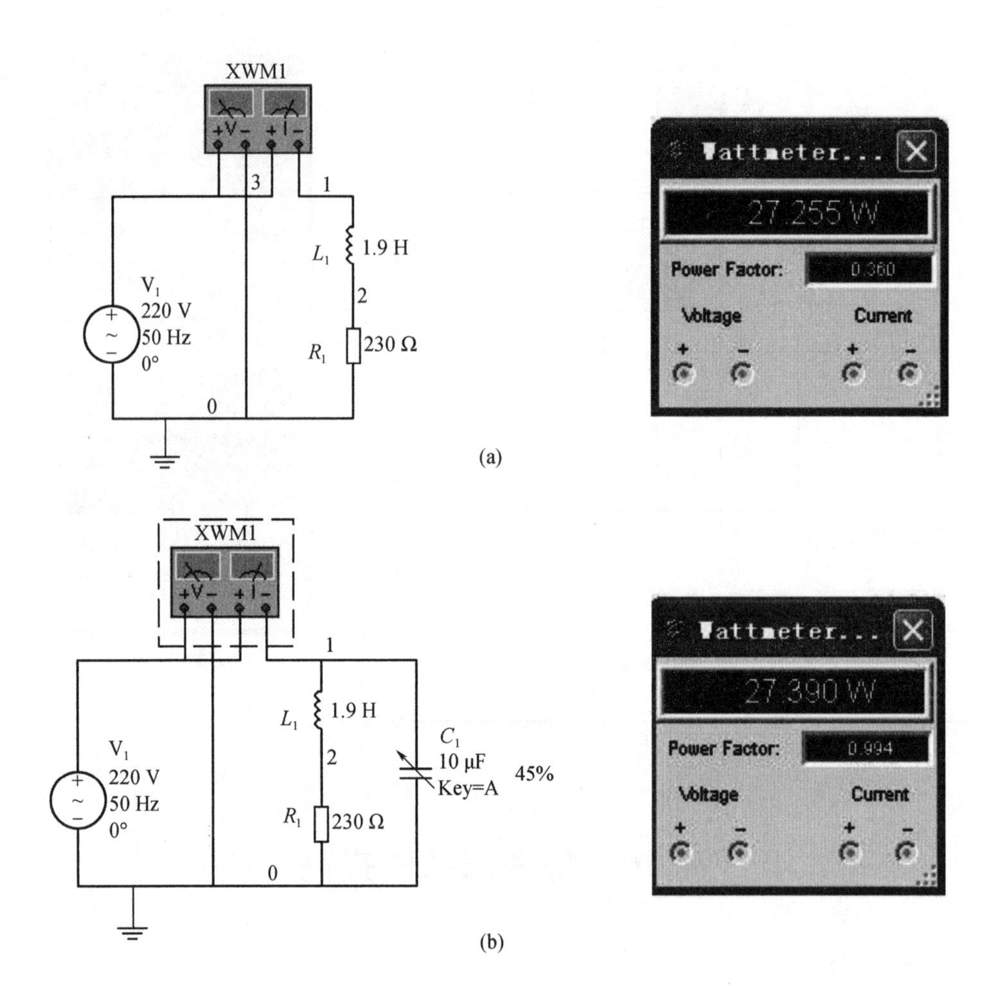

图 1　功率因数提高测量图

第5章　常用仪器的使用介绍

5.1　直流稳压电源

HG6000系列直流稳压电源是高精度、高可靠性、易操作的实验室通用电源,产品独特的积木式结构设计提供了从1组至多组电压输出规格,可以满足用户各种电路实验的要求,广泛应用于工厂、学校和科研单位的实验和教学。

HG6531直流稳压电源具有5组输出端口,其中2组输出电压为0~30 V连续可调,电流为0~1 A连续可调,具有预置、输出功能和稳压、稳流随负载变化而自动转换的功能,且具有优良的负载特性和纹波性能。HG6531的第2组可调输出具有跟踪功能,在串联使用时,采用跟踪模式可使第2组输出随第1组输出变化而变化,从而获得2组对称输出。显示部分为4组3位LED数字显示,可同时显示可调的输出电压和电流。HG6531的另外3组分别为独立的+/−12 V(1 A)和5 V(3 A)固定输出。

(1)输出端口的连接。

HG6531的所有输出端口均为悬浮式端口,从左边起分别为固定的+/−12 V、2组0~30 V可调和1组固定的5 V,最右边的端口为接地端并和机壳相连,用户可根据需要将接地端和其他端口连接。

(2)电压设定。

2组可调输出具有“预置/输出”控制开关,该功能可有效防止在接入负载时调节输出电压而对负载产生不良影响。使用时应先将“预置/输出”控制开关置于弹出状态,调节“电压调节”旋钮,使电压指示为所需要的电压,再将该开关按下,此时负载则可获得所需要的电压。

(3)电流设定。

2组可调输出的最大输出电流由“电流调节”旋钮控制,设定时应先将该旋钮逆时针调至一个电流较小的位置,输出端短路,将“预置/输出”开关置于按下状态,调节“电流调节”旋扭至设定值。负载接入后,如负载电流超过设定值,输出电流将被恒定在设定值,此时稳压指示灯“CV”熄灭,稳流指示灯“CC”点亮。

(4)跟踪方式。

HG6531 的 2 组可调输出具有主从跟踪功能,使用时将第 1 组的“-”端和第 2 组的“+”端接地,按下“独立/跟踪”和“预置/输出”按钮,第 2 组输出电压受第 1 组控制,调节第 1 组“电压调节”旋钮,可获得 2 组电压相同、极性相反的输出。

(5)主要技术指标(表 1)。

表 1　主要技术指标

输出组别		5 组输出(2 组可调+3 组固定)
第 1、2 组	输出电压(1、2)	0~30 V 连续可调
	输出电流	0~1 A 连续可调
	纹波及噪声	≤1 mV
	输出极性	可设置为“+”或“-”
	跟踪特性	第 2 组输出可与第 1 组跟踪
	显示方式	4 组 3 位 LED 同时显示 2 组输出电压和电流
第 3、4 组	输出电压(3)	+12 V 固定
	输出电压(4)	-12 V 固定
	最大输出电流	1 A
	纹波及噪声	≤5 mV
第 5 组	输出电压(5)	+5 V 固定
	最大输出电流	3 A
	纹波及噪声	≤5 mV
外形尺寸		240 mm×150 mm×270 mm
质量		约 8 kg

(6)面板功能简介。

面板控制件位置图如图 1 所示。

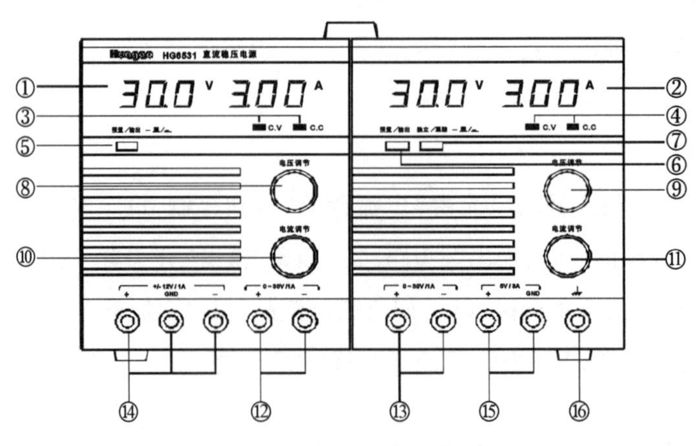

图 1　面板控制件位置图

面板控制件的作用:

①②:显示屏,多组 3 位 LED,同时显示输出电压和电流。

③④:稳压、稳流指示。当负载电流小于设定值时,输出为稳压状态,“CV”指示灯亮;当负载电流大于设定值时,输出电流将被恒定,“CC”指示灯亮。

⑤⑥:“预置/输出”控制开关,弹出时为预置状态,输出端开路,用于在输出电压未和负载连接时设置所需要的电压;按下时输出端与负载连接。

⑦:“独立/跟踪”控制开关,在串联使用时,按下此开关,第 2 组输出电压将与第 1 组同步,用于获得两组电压相同、极性相反的输出。

⑧⑨:电压调节旋钮,用于调节对应单元的输出电压,在跟踪状态时第 2 组的该旋钮不起作用。

⑩⑪:电流调节旋钮,用于调节输出电流的恒定值,当负载电流大于该值时,输出将自动转换为恒流状态。

⑫:第 1 组输出端口,输出电压和电流受⑧和⑩控制。

⑬:第 2 组输出端口,输出电压和电流受⑨和⑪控制。

⑭:第 3、4 组输出端口,输出电压为固定+/-12 V。

⑮:第 5 组输出端口,输出电压为固定 5 V。

⑯:接地端口,与机壳相连。

⑰:电源开关,在仪器的后面板处。

5.2 数字万用表

数字万用表采用了先进的集成电路模数转换器和数字显示技术,将被测量的数值直接以数字的形式显示出来。数字万用表显示清晰、直观,读数正确,与模拟万用表相比,其各项性能指标均有大幅提高。

一、组成与工作原理

数字万用表除了具有模拟万用表的测量功能外,还可以测量电容、二极管的正向压降、晶体管直流放大系数,以及检查线路短路告警等。

数字万用表的测量基础是直流数字电压表,其他功能都是在此基础上扩展的。为了完成各种测量功能,必须增加相应的转换器,将被测量转换成直流电压信号,再经过模数(A/D)转换变成数字量,然后通过液晶显示器以数字形式显示出来,其原理框图如图 1 所示。

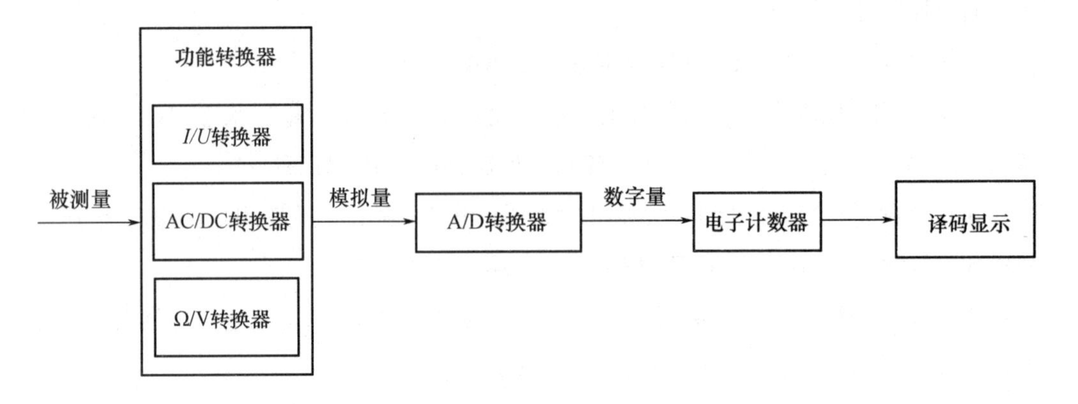

图 1　数字万用表原理框图

转换器将各种被测量转换成直流电压信号，A/D 转换器将随时间连续变化的模拟量转换成数字量，然后由电子计数器对数字量进行计数，再通过译码显示电路将测量结果显示出来。

数字万用表的显示位数通常为三位半到八位半，位数越多，测量精度越高；但位数多的，其价格通常也更高。一般常用的是三位半、四位半数字万用表，即显示数字的位数分别是 4 位和 5 位，但其最高位只能显示数字 0 或 1，称为半位；后几位数字可以显示数字 0~9，称为整数位。对应的数字显示最大值为 1 999（三位半数字万用表）、19 999（四位半数字万用表），满量程计数值分别为 2 000、20 000。

二、主要特点与使用方法

（1）数字万用表的主要特点。

①数字显示，直观准确，无视觉误差，并且有极性自动显示功能；

②测量精度和分辨率高，功能齐全；

③输入阻抗高（大于 1 MΩ），对被测电路影响小；

④电路的集成度高，产品的一致性好，可靠性强；

⑤保护功能齐全，有过压、过流、过载保护和超量程显示；

⑥功耗低，抗干扰能力强；

⑦便于携带，使用方便。

（2）使用方法及注意事项。

①插孔的选择。数字万用表一般有 4 个表笔插孔，测量时黑表笔插入 COM 插孔；红表笔则根据测量需要插入相应的插孔：测量电压和电阻时，红表笔应插入 V/Ω 插孔；测量电流时注意有 2 个电流插孔，一个是测量小电流的，另一个是测量大电流的，应根

据被测电流的大小选择合适的插孔。

②测量量程的选择。根据被测量的大小选择合适的量程,测直流电压置 DCV 量程,测交流电压置 ACV 量程,测直流电流置 DCA 量程,测交流电流置 ACA 量程,测电阻置 Ω 量程。当数字万用表仅在最高位显示“1”时,说明该量已超过量程,须调高一挡。用数字万用表测量电压时,应注意它能够测量的最高电压(交流有效值),以免损坏万用表的内部电路。测量未知电压、电流时,应将功能转换开关先置于高量程挡,然后再逐步调低,直到找到合适的量程。

③测量交流信号时,被测信号波形应是正弦波,频率不能超过仪表的规定值,否则将引起较大的测量误差。

④与模拟表不同,数字万用表红表笔接内部电池的正极,黑表笔接内部电池的负极。测量二极管时,将功能开关置于“—▶|—”挡,这时显示的值为二极管的正向压降,单位为 V。若二极管接反,则显示的值为“1”。

⑤测量晶体管的直流电流放大系数(h_{fe})时,由于工作电压仅为 2.8 V,因此测量的只是一个近似值。

⑥测量完毕后应及时关闭电源;若长期不使用,则应取出电池,以免漏电。

以 MS8217 型数字万用表为例,仪表面板如图 2 所示。

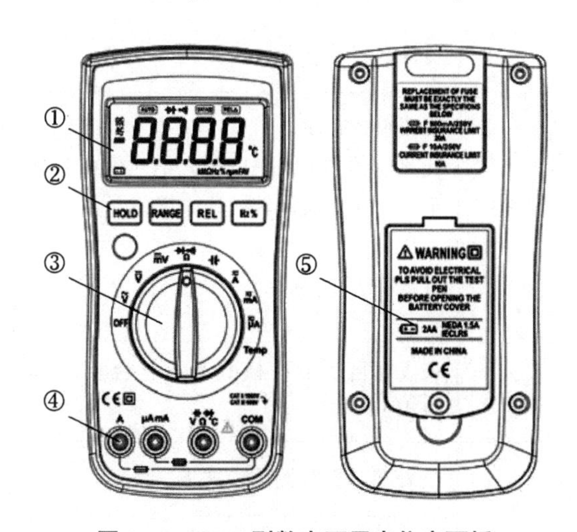

图 2　MS8217 型数字万用表仪表面板

①—液晶显示器;②—功能按键;③—旋转开关;④—输入插座;⑤—电池盖

(1)仪表面板说明。

液晶显示器如图 3 所示。显示符号对应的含义见表 1,功能按键见表 2。

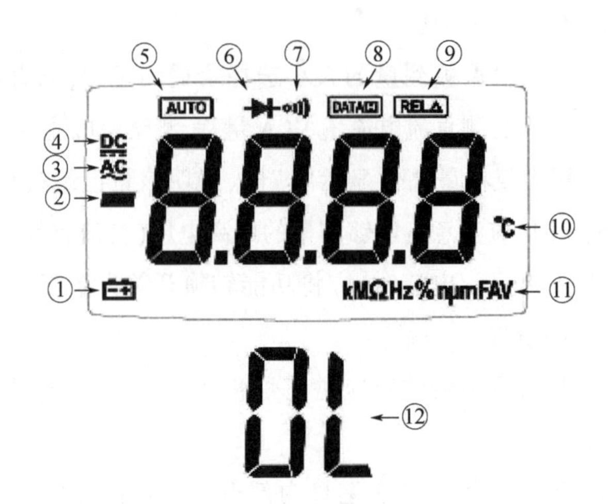

图 3　液晶显示器

表 1　显示符号

号码	符号	含义
①		电池电量低。 为避免错误读数导致遭受到电击或人身伤害,本电池符号显示出现时,应尽快更换电池。
②	■	负输入极性指示。
③	AC	交流输入指示。 交流电压或电流是以输入绝对值的平均值来显示,并校准至显示一个正弦波的等效均方根值。
④	DC	直流输入指示。
⑤	AUTO	仪表在自动量程模式下。它会自动选择具有最佳分辨率的量程。
⑥	⊣▶⊢	仪表在二极管测试模式下。
⑦	o)))	仪表在通断测试模式下。
⑧	DATA-H	仪表在读数保持模式下。
⑨	REL△（仅限 MS8217）	仪表在相对测量模式下。
⑩	℃（仅限 MS8217）	℃:摄氏度。温度的单位。

续表1

号码	符号	含意
⑪	V,mV	V:伏特。电压的单位。 mV:毫伏。1 mV=1×10^{-3} V。
	A, mA, μA	A:安培。电流的单位。 mA:毫安。1 mA=1×10^{-3} A。 μA:微安。1 μA=1×10^{-6} A。
	Ω, kΩ, MΩ	Ω:欧姆。电阻的单位。 kΩ:千欧。1 kΩ=1×10^{3} Ω。 MΩ:兆欧。1 MΩ=1×10^{6} Ω。
	%（仅限 MS8217）	%:百分比。用于占空系数的测量。
	Hz, kHz, MHz （仅限 MS8217）	Hz:赫兹。频率的单位。 kHz:千赫。1 kHz=1×10^{3} Hz。 MHz:兆赫。1 MHz=1×10^{6} Hz。
	μF,nF	F:法拉。电容的单位。 μF:微法。1 μF=1×10^{-6} F。 nF:纳法。1 nF=1×10^{-9} F。
⑫	OL	对所选择的量程来说,输入过高。

表2　功能按键

按键	功能	操作介绍
○(黄色)	Ω ➔ •)))	选择电阻测量、二极管测试或通断测试。
	A,mA 和 μA	选择直流或交流电流。
	开机通电时按住	取消电池节能功能。
HOLD	任何挡位	按 HOLD 键进入或退出读数保持模式。
RANGE	V~、V⎓、Ω、A、mA 和 μA	1. 按 RANGE 键进入手动量程模式。 2. 在手动量程模式下按 RANGE 键可以逐步选择适当的量程（对所选择的功能挡）。 3. 持续按住 RANGE 键超过 2 s 会回到自动量程模式。
REL（仅限 MS8217）	任何挡位	按 REL 键进入或退出相对测量模式。
Hz%（仅限 MS8217）	V~、A、mA 和 μA	1. 按 Hz%键启动频率计数器。 2. 再按一次进入占空系数(负载因数)模式。 3. 再按一次退出频率计数器模式。

(2)使用注意事项。

①不能测量有效值高于 1 000 VDC 或 700 VAC 的电压。

②不能测量高于 10 A 的电流,且每次测量的时间不能超过 10 s,测量时间间隔不能少于 15 min。

③不能输入高于 500 mA 的电流。

④在测量频率时,输入的电压信号不应超过规定的最大输入电压值(60 V),以免损坏仪表和危及使用者的人身安全。

⑤当被测量的大小未知时,总是从最大量程开始进行测量。

⑥不能触摸任何带电的导体,以防电击。

⑦在测量在线电容之前,要确保电路中的电源已经断开并且电容器已经充分放电。

⑧在测量在线电阻之前,要确保电路中的电源已经断开并且电容器已经充分放电。

⑨在完成所有的测量后,要及时断开表笔线与被测电路的连接,并将表笔线从仪表中移出。

5.3　交流毫伏表

交流毫伏表是一种用来测量正弦电压有效值的电子仪表,可对一般放大器和电子设备的电压进行测量。交流毫伏表类型较多,本节介绍 LM2172 型交流毫伏表的主要特性及其使用方法。

一、主要特性

(1)测量电压范围为 30 μV~300 V,平均分为 12 挡。

(2)测量电平范围为-60~50 dB,平均分为 12 挡。

(3)频率范围为 5 Hz~2 MHz。

(4)输入阻抗为 10 MΩ,输入电容为 50 pF

(5)测量电压误差以信号频率 1 kHz 为基准,不超过各量程满刻度的±3%。

(6)环境温度为 0~40 ℃。

二、LM2172 型交流毫伏表的面板说明

LM2172 型交流毫伏表的面板示意图如图 1 所示。

(1)电源(POWER)开关:电源开关按键弹出即为“关”。将电源线接入,按下电源开关,以接通电源。

(2)显示窗口:表头指示输入信号的幅度。对于 LM2172,黑色指针指示 CH1 输入信号幅度,红色指针指示 CH2 输入信号幅度。

(3)零点调节:开机前,如表头指针不在机械零点处,请用小型一字螺丝刀将其调至零点。对于 LM2172,黑框内调黑指针,红框内调红指针。

(4)量程旋钮:开机前,应将量程旋钮调至最大量程处,然后在输入信号送至输入端后调节量程旋钮,使表头指针指示在表头的适当位置。对于 LM2172,左边为 CH1 的量程旋钮,右边为 CH2 的量程旋钮。

(5)输入(INPUT)端口:输入信号由此端口输入。对于 LM2172,左边为 CH1 输入,右边为 CH2 输入。

(6)输出(OUTPUT)端口:输出信号由此端口输出。对 LM2172,输出端口在后面板上。

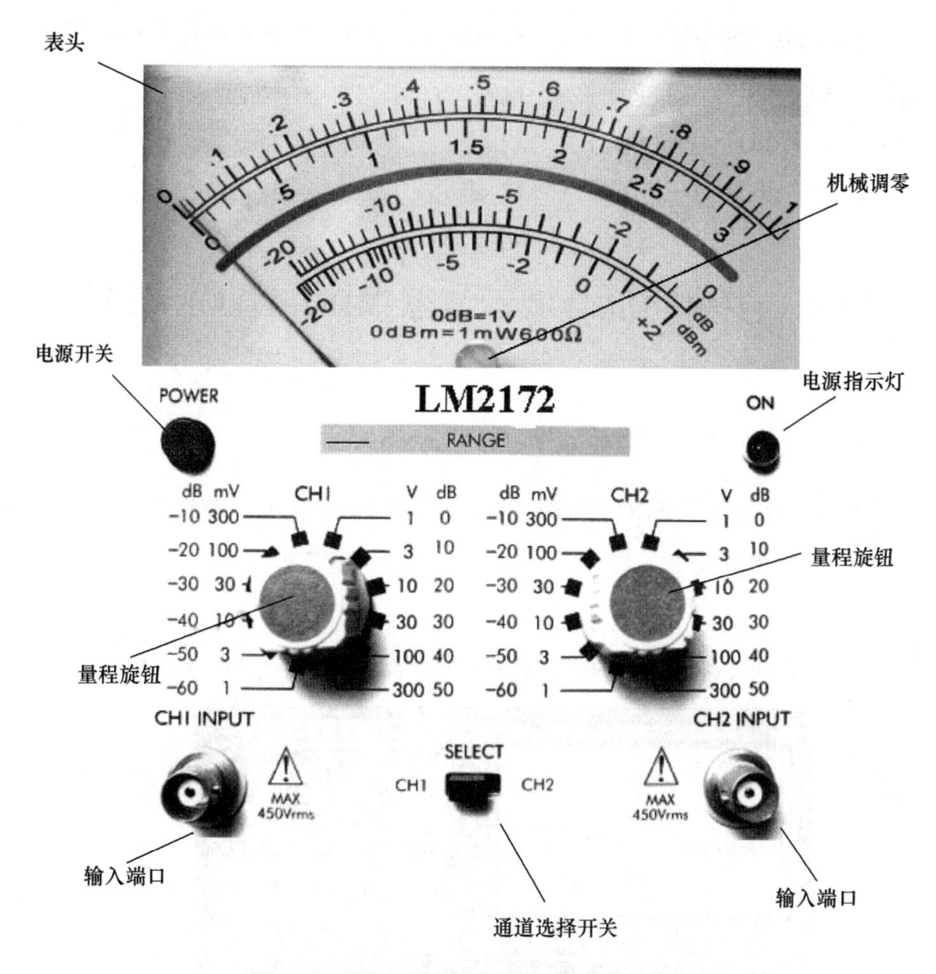

图 1 LM2172 型交流毫伏表的面板示意图

三、基本操作方法

打开电源开关,首先检查输入的电压,将电源线插入后面板上的交流插孔,设定各个控制键，打开电源。

(1)将输入信号由输入端口送入交流毫伏表。

(2)调节量程旋钮，使表头指针位置处于大于或等于满度的 2/3 处。

(3)将交流毫伏表的输出用探头送入示波器的输入端，当表头指针位于满刻度处时，其输出应满足指标。

(4)为确保测量结果的准确度，测量时必须把仪表的地线与被测量电路的地线连接在一起。

(5)dB 量程的使用：表头有 2 种刻度，1 V 作 0 dB 的 dB 刻度值和 0.755 V 作 0 dBm (1 mW，600 Ω)的 dBm 刻度值。

(6)功率或电压的电平由表面读出的刻度值与量程开关所在的位置相加而定。

例：　刻度值　　　量程　　　电平

(−1 dB) + (+20 dB) = +19 dB

(+2 dB) + (+10 dB) = +12 dB

5.4　多功能混合域示波器 MDO-2000E 系列

(一)前面板

多功能混合域示波器 MDO-2000E 前面板如图 1 所示(由于图片篇幅所限，未标出全部按键)。功能表见表 1。

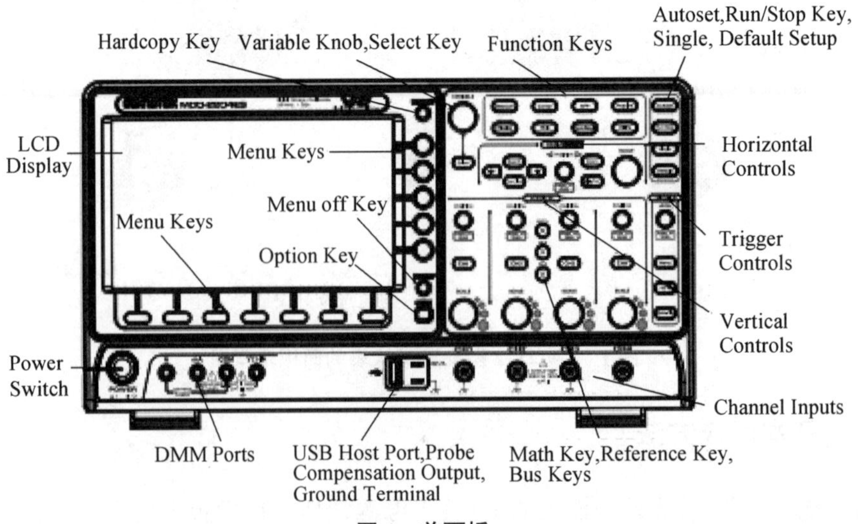

图 1　前面板

表 1　前面板功能表

名称	图标	功能
LCD Display	—	8 英寸(in,1in=2.54 cm)WVGA TFT 彩色 LCD。800×480 分辨率,宽视角显示
Menu Off Key	MENU OFF	使用菜单关闭键隐藏屏幕菜单系统
Option Key	OPTION	Option 键用于访问已安装的选项
Menu Keys	—	右侧菜单键和底部菜单键用于选择 LCD 屏上的界面菜单
Hardcopy Key	HARDCOPY	一键保存或打印
Variable Knob	VARIABLE	可调旋钮用于增加/减少数值或选择参数
Select Key	Select	用于确认选择
Function Keys	—	进入和设置 MDO-2000E 的不同功能
Measure	Measure	设置和运行自动测量项目
Cursor	Cursor	设置和运行光标测量
App	APP	设置和运行应用
Acquire	Acquire	设置捕获模式,包括分段存储功能
Display	Display	显示设置
Help	Help	帮助菜单
Save/Recall	Save/Recall	用于存储和调取波形、图像、面板设置
Utility	Utility	可设置 Hardcopy 键、显示时间、语言、探棒补偿和校准。进入文件工具菜单
Autoset	Autoset	自动设置触发、水平刻度和垂直刻度
Run/Stop Key	Run/Stop	停止(Stop)或继续(Run)捕获信号,该键也用于运行或停止分段存储的信号捕获
Single	Single	设置单次触发模式

续表 1

名称	图标	功能
Default Setup	Default	恢复初始设置
Horizontal Controls	—	用于改变光标位置、设置时基、缩放波形和搜索事件
Horizontal Position	POSITION PUSH TO ZERO	用于调整波形的水平位置。按下旋钮将水平位置重设为零
Scale	SCALE	设置通道的水平刻度(TIME/DIV)
Zoom	Zoom	与水平位置旋钮结合使用
Play/Pause	▶/II	查看每一个搜索事件。也用于在 Zoom 模式播放波形
Search	Search	进入搜索功能菜单,设置搜索类型、源和阈值
Search Arrows	← →	方向键,用于引导搜索事件
Set/Clear	Set/Clear	当使用搜索功能时,该键用于设置或清除感兴趣的点
Trigger Controls	—	控制触发准位和选项
Level Knob	LEVEL	设置触发准位。按下旋钮将准位重设为零
Trigger Menu Key	Menu	显示触发菜单
50% Key	50 %	触发准位设置为 50%
Force-Trig	Force-Trig	立即强制触发波形
Vertical Position	POSITION PUSH TO ZERO	设置波形的垂直位置。按下旋钮将垂直位置重设为零
Channel Menu Key	CH1	按 CH1~CH4 键设置通道
(Vertical) Scale Knob	SCALE	设置通道的垂直刻度(TIME/DIV)

续表 1

名称	图标	功能
External Trigger Input	 EXT TRIG	接收外部触发信号。仅限 2 通道机型 输入阻抗:1 MΩ 输入电压:±15 V(峰值);EXT 触发电容:16 pF
Math Key	 MATH M	设置数学运算功能
Reference Key	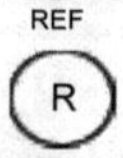 REF R	设置或移除参考波形
Bus Key	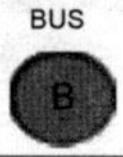 BUS B	设置串行总线(UART,I²C,SPI,CAN,LIN)
Channel Inputs	 CH1	接收输入信号。输入阻抗:1 MΩ;电容:16 pF
USB Host Port	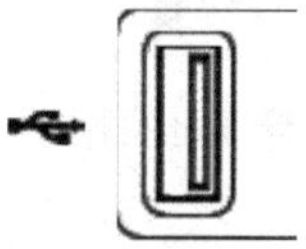	Type A,1. 1/2. 0 兼容。用于数据传输
Ground Terminal	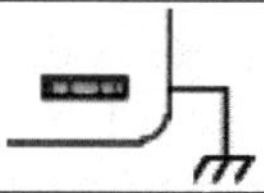	连接待测物的接地线,共地
Probe Compensation Output	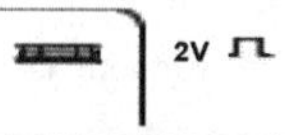 2V	用于探棒补偿。它也具有一个可调输出频率 默认情况下,该端口输出 $2V_{pp}$ 方波信号,1 kHz 探棒补偿
Power Switch	 POWER	开机/关机 ▁ I:ON ▄ O:OFF
DMM Ports(仅限 MDO-2000EX/S 机种)	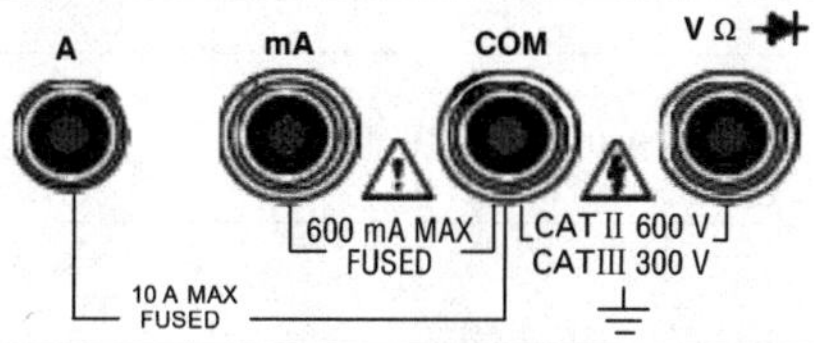 A　mA　COM　VΩ 600 mA MAX FUSED　CAT II 600 V CATIII 300 V 10 A MAX FUSED	
	mA	接受高达 600 mA 的电流 保险丝:1 A
	A	接受高达 10 A 的电流 保险丝:10 A
	COM	Com 口
	VΩ	电压,电阻和二极管端口 最大电压:600 V

(二)后面板

多功能混合域示波器 MDO-2000E 后面板如图 2 所示。对应的功能表见表 2。

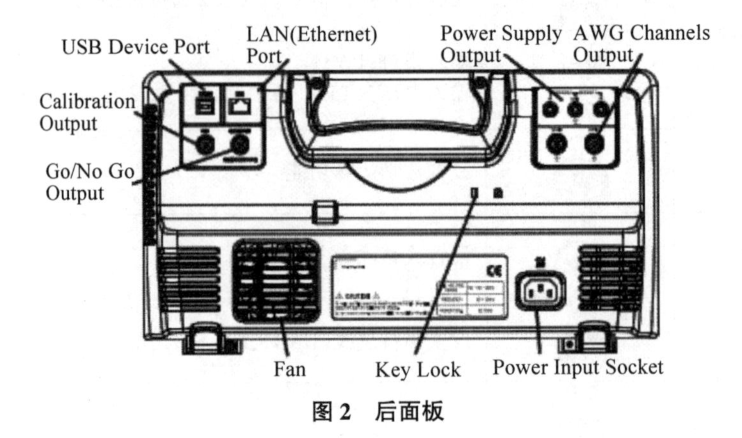

图 2　后面板

表 2　后面板功能表

名称	图标	功能
Calibration Output	CAL	校准信号输出，用于精确校准垂直刻度
USB Device Port	DEVICE	USB Device 接口用于远程控制
LAN (Ethernet) Port	LAN	通过网络远程控制，或结合 Remote Disk App。允许示波器安装共享盘
Power Input Socket	AC	电源插座，AC 电源，100~240 V，50/60 Hz
Security Slot		兼容 Kensington 安全锁槽
Go/No Go Output	GO/NO GO OPEN COLLECTOR	以 500 μs 脉冲信号表示 Go/No Go 测试
AWG Output	GEN 1	输出 GEN_1 或 GEN_2 信号
Power Supply Outputs	OUTPUT 2 GND OUTPUT 1	5 V/1 A 双电源输出

(三)显示器

主显示器的一般说明如图 3 所示(由于在激活 MDO-2000E 的不同功能时显示屏发生变化,具图片内容有限,因此图中未标出全部功能)。对应的功能表见表 3。

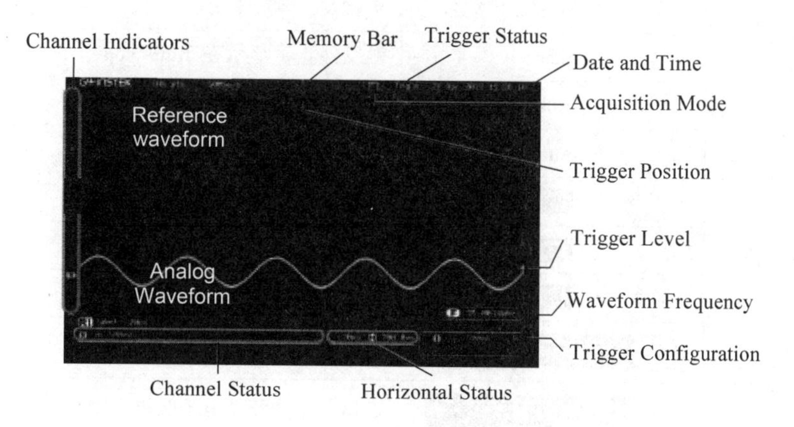

图 3 主显示器

表 3 主显示器功能表

名称	功能
Analog Wavefom	显示模拟输入信号波形 示波器通道 1:黄色　　示波器通道 2:蓝色 示波器通道 3:粉色　　示波器通道 4:绿色
Bus Decoding	显示串行总线波形。以十六进制或二进制表示
Reference waveform	可以显示参考波形以供参考、比较或其他操作
Channel Indicators	显示每个开启通道波形的零电压准位,激活通道以纯色显示 范例: 3 模拟通道指示灯 1 参考形指示灯 M 运算
Trigger Position	显示触发位置
Horizontal Status	显示水平刻度和位置
Date and Time	12 Aug 2014 13:22:48 当前日期和时间
Trigger Level	显示触发准位
Memory Bar	屏幕显示波形在内存所占比例和位置

续表 3

名称	功能	
Trigger Status	Trig'd	已触发
	PrTrig	预触发
	Trig?	未触发，屏幕不更新
	Stop	触发停止。显示在 Run/Stop
	Roll	滚动模式
	Auto	自动触发模式
Acquisition Mode		正常模式
		峰值侦测模式
		平均模式
Signal Frequency	F 1000.00Hz	显示触发源频率
	F <2Hz	表示频率小于 2 Hz(低频限制)
Trigger Configuration	1 ƒ 2.32V DC	触发源，斜率，电压，耦合
Horizontal Status	1ms H 0.000s	水平刻度，水平位置
Channel Status	1 ⎓ 2V	示波器通道 1，DC 耦合，2 V/div

5.5 TFG6000 系列 DDS 函数信号发生器简介

本指南适用于 TFG6000 系列 DDS 函数信号发生器的各种型号(TFG60XX)，仪器型号的后两位数字表示该型号仪器的 A 路频率上限值(MHz)。

TFG6000 系列 DDS 函数信号发生器采用直接数字合成(direct digital synthesizer, DDS)，具有快速完成测量工作所需的高性能指标和众多的功能特性，其简单、明晰的前面板设计和彩色液晶显示界面便于使用者操作和观察，可扩展的选件功能可使使用者获得增强的系统特性。仪器具有下述技术指标和功能特性。

(一)使用准备

1. 检查整机与附件

根据装箱单检查仪器及附件是否齐备完好，如果发现包装箱严重破损，请先保留包装箱，直至仪器通过性能测试。

2. 接通仪器电源

仪器在符合以下使用条件时,才能开机使用:

电压:AC 220(1±10%)V;频率:50(1±5%)Hz;功耗:小于 30 V · A;温度:0~40 ℃;湿度:小于 80%。

将电源插头插入交流 220 V 带有接地线的电源插座中,按下面板上的电源开关,电源接通。仪器初始化,首先显示仪器名称和制造厂家,然后载入默认参数值,显示“A 路单频”功能的操作界面,最后开通 A 路和 B 路输出信号,进入正常工作状态。

(二)前面板总览

前面板总览如图 1 所示。

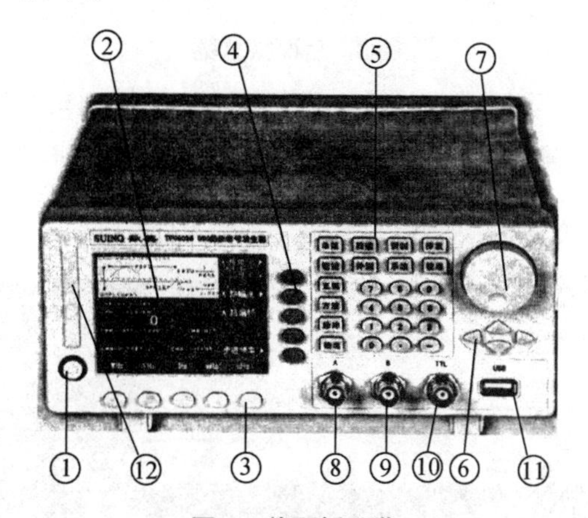

图 1　前面板总览

①—电源开关;②—显示屏;③—单位软键;④—选项软键;⑤—功能键,数字键;
⑥—方向键;⑦—调节旋钮;⑧—输出 A;⑨—输出 B;⑩—TTL 输出;
⑪—USB 接口;⑫—内存(compact flash,CF)卡槽(备用)

(三)后面板总览

后面板总览如图 2 所示。

(四)屏幕显示说明

屏幕显示说明如图 3 所示。

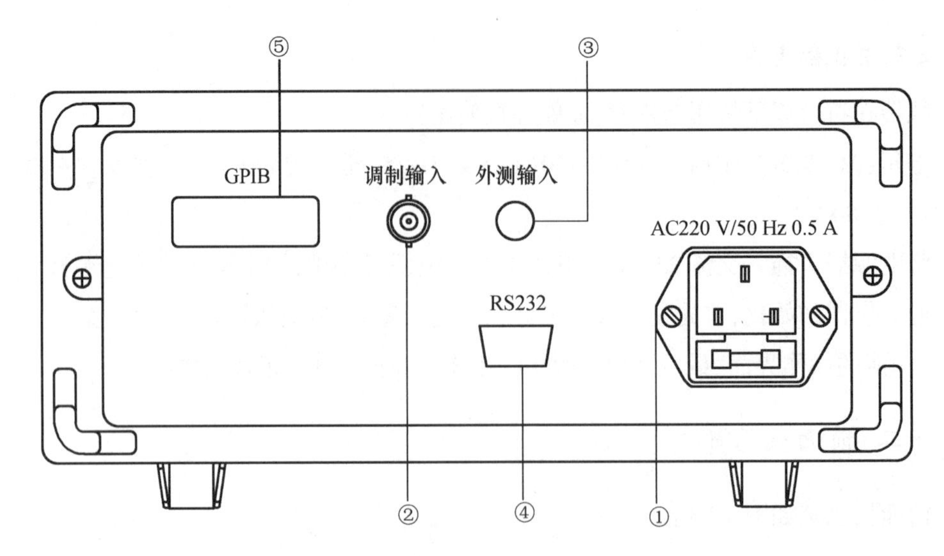

图 2　后面板总览

①—电源插座;②—外调制输入;③—外测输入;④—RS232 接口;

⑤—通用接口总线(general-purpose interface bus,GPIB)接口

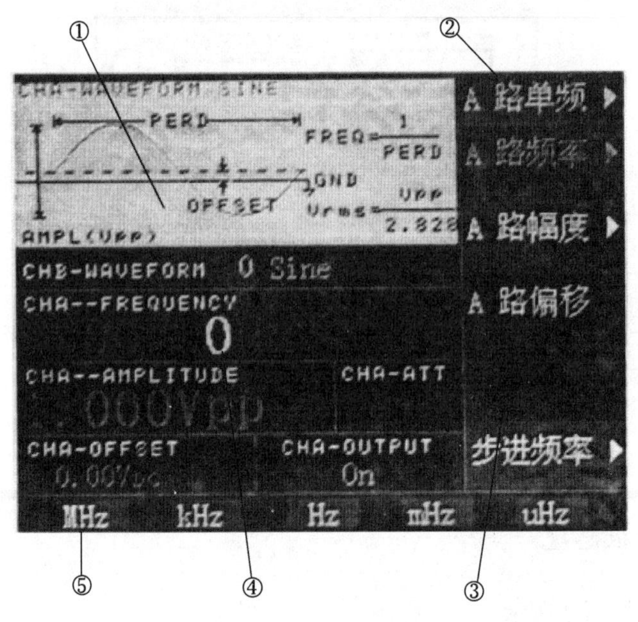

图 3　屏幕显示说明

①波形示意图:左上为各种功能下的 A 路波形示意图。

②功能菜单:右侧中文显示区,第 1 行为功能菜单。

③选项菜单:右侧中文显示区,第 2~6 行为选项菜单。

④参数菜单:左侧英文显示区为参数菜单,自上至下依次为“B 路波形”“频率等参数”“幅度”“A 路衰减”“偏移等参数”“输出开关”。

⑤单位菜单:最下 1 行为输入数据的单位菜单。

(五)按键说明

(1)功能键。

“单频”“扫描”“调制”“触发”“键控”键,分别用来选择仪器的 10 种功能;“外测”键,用来选择频率计数功能;“系统”“校准”键,用来进行系统设置和参数校准;“正弦”“方波”“脉冲”键,用来选择 A 路波形;“输出”键:用来开关 A 路或 B 路输出信号。

(2)选项软键。

屏幕右侧有 5 个空白键,其键功能随着选项菜单的变化而变化,称为选项软键。

(3)数据输入键。

“0”“1”“2”“3”“4”“5”“6”“7”“8”“9”键,用来输入数字;“. ”键,用来输入小数点;“-”键,用来输入负号。

(4)单位软键。

屏幕下方有 5 个空白键,其定义随着数据性质的变化而变化,称为单位软键。数据输入后必须按单位软键,表示数据输入结束并生效。

(5)方向键。

“<”“>”键,用来移动光标指示位,转动旋钮时可以加减光标指示位的数字;“∧”“∨”键,用来步进增减 A 路信号的频率或幅度。

(六)基本操作

下面举例说明基本操作方法,可满足一般使用的需要。

(1)A 路单频。

按“单频”键,选中“A 路单频”功能。

①A 路频率设定:设定频率值为 3. 5 kHz。

按“选项 1”软键,选中“A 路频率”,按“3”“. ”“5”“kHz”。

②A 路频率调节:按“<”或“>”键可移动数据中的白色光标指示位,左右转动旋钮可使指示位的数字增大或减小,并能连续进位或借位,由此可任意粗调或细调频率。其他选项数据也都可以用旋钮调节,此处不再赘述。

③A 路周期设定:设定周期值为 25 ms。

按“选项 1”软键,选中“A 路周期”,按“2”“5”“ms”。

④A 路幅度设定:设定幅度峰峰值为 3. 2V_{pp}。

按“选项 2”软键,选中“A 路幅度”,按“3”“. ”“2”“Vpp”。

⑤A 路幅度设定:设定幅度有效值为 1.5 V。

按“选项 2”软键,选中“A 路幅度”,按“1”“.”“5”“Vrms”。

⑥A 路衰减选择:选择固定衰减 0 dB(开机或者复位后选择自动衰减 Auto)。

按“选项 2”软键,选中“A 路衰减”,按“0”“dB”。

⑦A 路偏移设定:在衰减为 0 dB 时,设定直流偏移值为-1 V。

按“选项 3”软键,选中“A 路偏移”,按“-”“1”“Vdc”。

⑧A 路波形选择:选择脉冲波。

按“脉冲”。

⑨A 路脉宽设定:设定脉冲宽度为 35 μs。

按“选项 4”软键,选中“A 路脉宽”,按“3”“5”“μs”。

⑩A 路占空比设定:设定脉冲波占空比为 25%。

按“选项 4”软键,选中“占空比”,按“2”“5”“%”。

⑪存储参数调出:调出 15 号存储参数。

按“选项 5”软键,选中“参数调出”,按“1”“5”“ok”。

⑫A 路频率步进:设定频率步进为 12.5 Hz。

按“选项 5”软键,选中“步进频率”,按“1”“2”“.”“5”“Hz”。再按“选项 1”软键,选中“A 路频率”,然后每按一次“∧”键,A 路频率增加 12.5 Hz;每按一次“∨”键,A 路频率减少 12.5 Hz。A 路幅度步进操作与此类同。

(2)B 路单频。

按“单频”键,选中“B 路单频”功能。

①B 路频率设定:B 路的频率和幅度设定与 A 路相应操作类同,只是 B 路不能进行周期性设定,幅度设定只能使用峰峰值,不能使用有效值。

②B 路波形选择:选择三角波。

按“选项 3”软键,选中“B 路波形”,按“2”“No.”。

③A 路谐波设定:设定 B 路频率为 A 路的三次谐波。

按“选项 3”软键,选中“B 路波形”,按“3”“time”。

④AB 相差设定:设定 AB 两路信号的相位差为 90°。

按“选项 4”软键,选中“AB 相差”,按“9”“0”“°”。

⑤两路波形相加:A 路和 B 路波形线性相加,由 A 路输出。

按“选项 5”软键,选中“AB 相加”。

(3)频率扫描。

按“扫描”键,选中“A 路扫描”功能。

①始点频率设定:设定始点频率值为 10 kHz。

选“选项 1”软键,选中“始点频率”,按“1”“0”“kHz”。

②终点频率设定:设定终点频率值为 50 kHz。

选“选项 1”软键,选中“终点频率”,按“5”“0”“kHz”。

③步进频率设定:设定步进频率值为 200 Hz。

选“选项 1”软键,选中“步进频率”,按“2”“0”“0”“Hz”。

④扫描方式设定:设定往返扫描方式。

选“选项 3”软键,选中“往返扫描”。

⑤间隔时间设定:设定间隔时间为 25 ms。

选“选项 4”软键,选中“间隔时间”,按“2”“5”“ms”。

⑥手动扫描设定:设定手动扫描方式。

选“选项 5”软键,选中“手动扫描”,则连续扫描停止,每按一次“选项 5”软键,A 路频率步进一次。如果不选中“手动扫描”,则连续扫描恢复。

⑦扫描频率显示:按“选项 1”软键,选中“A 路频率”,频率显示数值随扫描过程同步变化,但是扫描速度会变慢。如果不选中“A 路频率”,频率显示数值不变,扫描速度正常。

(4)幅度扫描。

按“扫描”键,选中“A 路扫描”功能,设定方法与“A 路扫描”功能类同。

(5)频率调制。

按“调制”键,选中“A 路调频”功能。

①载波频率设定:设定载波频率值为 100 kHz。

选“选项 1”软键,选中“载波频率”,按“1”“0”“0”“kHz”。

②载波幅度设定:设定载波幅度值为 $2V_{pp}$。

选“选项 2”软键,选中“载波幅度”,按“2”“Vpp”。

③调制频率设定:设定调制频率值为 10 kHz。

选“选项 3”软键,选中“调制频率”,按“1”“0”“kHz”。

④调制频偏设定:设定调制频偏值为 5.2%。

选“选项 4”软键,选中“调制频偏”,按“5”“.”“2”“%”。

⑤调制波形设定:设定调制波形(实际为 B 路波形)为三角波。

选“选项 5”软键,选中“调制波形”,按“2”“No.”。

(6)幅度调制。

按“调制”键,选中“A 路调幅”功能。

载波频率、载波幅度、调制频率和调制波形设定与“A 路调频”功能类同。

调幅深度设定：设定调幅深度值为 85%。

选“选项 4”软键，选中“调幅深度”，按“8”“5”“%”。

(7)触发输出。

按“触发”键，选中“B 路触发”功能。

B 路频率、B 路幅度设定与“B 路单频”类同。

①触发计数设定：设定触发计数 5 个周期。

选“选项 3”软键，选中“触发计数”，按“5”“cycle”。

②触发频率设定：设定脉冲串的重复频率为 50 Hz。

选“选项 4”软键，选中“触发频率”，按“5”“0”“Hz”。

③单次触发设定：设定单次触发方式。

选“选项 5”软键，选中“单次触发”，则连续触发停止，每按一次“选项 5”软键，触发输出一次。如果不选中“单次触发”，则连续触发恢复。

(8)频移键控(frequency-shift keying, FSK)。

按“键控”键，选中“A 路 FSK”功能。

①载波频率设定：设定载波频率值为 15 kHz。

选“选项 1”软键，选中“载波频率”，按“1”“5”“kHz”。

②载波幅度设定：设定载波幅度值为 $2V_{pp}$。

选“选项 2”软键，选中“载波幅度”，按“2”“Vpp”。

③跳变频率设定：设定跳变频率值为 2 kHz。

选“选项 3”软键，选中“跳变频率”，按“2”“kHz”。

④间隔时间设定：设定跳变间隔时间为 20 ms。

选“选项 4”软键，选中“间隔时间”，按“2”“0”“ms”。

(9)幅移键控(amplitude shift keying, ASK)。

按“键控”键，选中“A 路 ASK”功能。

载波频率、载波幅度和间隔时间设定与“A 路 FSK”功能类同。

跳变幅度设定：设定跳变幅度值为 $0.5V_{pp}$。

选“选项 3”软键，选中“跳变幅度”，按“0”“.”“5”“Vpp”。

(10)相移键控(phase-shift keying, PSK)。

按“键控”键，选中“A 路 PSK”功能。

载波频率、载波幅度和间隔时间设定与“A 路 FSK”功能类同。

跳变相位设定：设定跳变相位值为 180°。

选"选项 3"软键,选中"跳变相位",按"1""8""0""°"。

(11)初始化状态。

开机后仪器初始化工作状态如下:

A 路:	波形:正弦波	频率:1 kHz	幅度:$1V_{pp}$
	衰减:AUTO	偏移:0 VDC	方波占空比:50%
	脉冲宽度:0.3 ms	脉冲占空比:30%	间隔时间:10 ms
	始点频率:500 Hz	终点频率:5 kHz	步进频率:10 Hz
	始点幅度:$0V_{pp}$	终点幅度:$1V_{pp}$	步进幅度:$0.01V_{pp}$
	扫描方式:正向	载波频率:50 kHz	调制频率:1 kHz
	调制频偏:5%	调幅深度:1 000%	触发技术:3 cycle
	触发频率:100 Hz	跳变频率:5 kHz	跳变幅度:$0V_{pp}$
	跳变相位:90°	输出:On	
B 路:	波形:正弦波	频率:1 kHz	幅度:$1V_{pp}$
	A 路谐波:1 time	输出:On	

附录1　验证性实验报告格式

××大学实验报告

××年×月×日

课程名称:电路分析基础实验　　实验名称:叠加定理和戴维南定理

班级:________姓名:________同组人:________

指导老师评定:________________签名:________

一、预习部分

(一)实验目的

(1)加深对叠加定理和戴维南定理的理解。

(2)学习线性有源一端口网络等效电路参数的测量方法。

(二)实验原理

(1)叠加定理:在几个独立源共同作用的线性网络中,通过每一支路的电流或任一元件上的电压,可以看成是由每一个独立源单独作用时,在该支路或该元件上产生的电流或电压的代数和。

(2)戴维南定理:任何一个线性含源一端口网络,对外电路来说,总可以用一个理想电压源和电阻串联有源支路来代替,其理想电压源的电压等于原网络端口的开路电压U_{oc},其电阻等于原网络中所有独立电源电压为0时的入端等效电阻R_{eq}。U_{oc}和R_{eq}称为有源一端口网络等效电路参数。

(三)实验内容分析

(1)叠加定理的验证。

①电源U_1单独作用的电路图如图1所示。

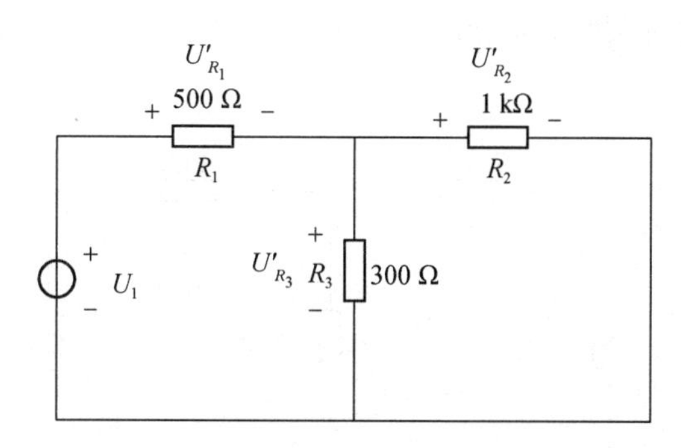

图1 电源 U_1 单独作用的电路图

当电源 U_1 单独作用时，分别计算电阻 R_1、R_2、R_3 的端电压 U'_{R_1}、U'_{R_2}、U'_{R_3}

$$U'_{R_1}=\frac{U_1}{R_1+(R_2//R_3)}\times R_1=\frac{8}{510+(1\,000//300)}\times 510=5.51\ (\mathrm{V})$$

$$U'_{R_2}=U'_{R_3}=\frac{U_1}{R_1+(R_2//R_3)}\times(R_2//R_3)$$

$$=\frac{8}{510+(1\,000//300)}\times(1\,000//300)=2.49(\mathrm{V})$$

②电源 U_2 单独作用的电路图如图2所示。

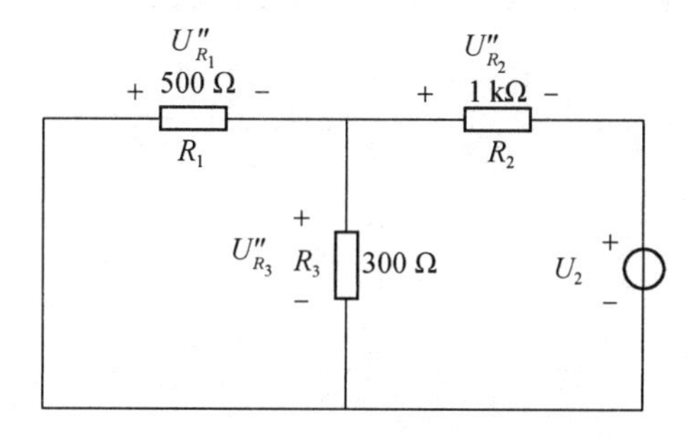

图2 电源 U_2 单独作用的电路图

当电源 U_2 单独作用时，分别计算电阻 R_1、R_2、R_3 的端电压 U''_{R_1}、U''_{R_2}、U''_{R_3}

$$U''_{R_1}=\frac{-U_2}{R_2+(R_1//R_3)}\times(R_1//R_3)=\frac{-3}{1\,000+(510//300)}\times(510//300)=-0.48(\mathrm{V})$$

$$U''_{R_2}=\frac{-U_2}{R_2+(R_1//R_3)}\times R_2=\frac{-3}{1\,000+(510//300)}\times 1\,000=-2.52(\mathrm{V})$$

$$U''_{R_3}=\frac{U_2}{R_2+(R_1//R_3)}\times(R_1//R_3)=\frac{3}{1\,000+(510//300)}\times(510//300)=0.48(\mathrm{V})$$

③电源 U_1、U_2 同时作用的电路图如图 3 所示。

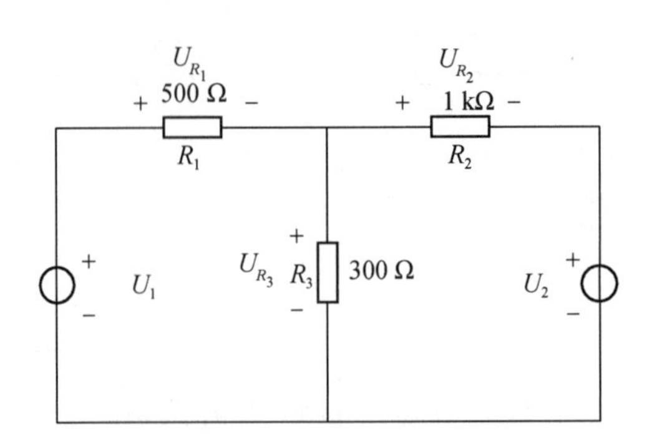

图 3　电源 U_1、U_2 同时作用的电路图

根据叠加定理有

$$U_{R_1} = U'_{R_1} + U''_{R_1} = 5.03\ \mathrm{V}$$

$$U_{R_2} = U'_{R_2} + U''_{R_2} = -0.03\ \mathrm{V}$$

$$U_{R_3} = U'_{R_3} + U''_{R_3} = 2.97\ \mathrm{V}$$

(2)戴维南定理的验证。

测量有源一端口网络等效电路参数采用两次电压法,理论分析如下。

①测量有源一端口网络开路电压 U_{oc},ab 端口开路的电路图如图 4 所示。

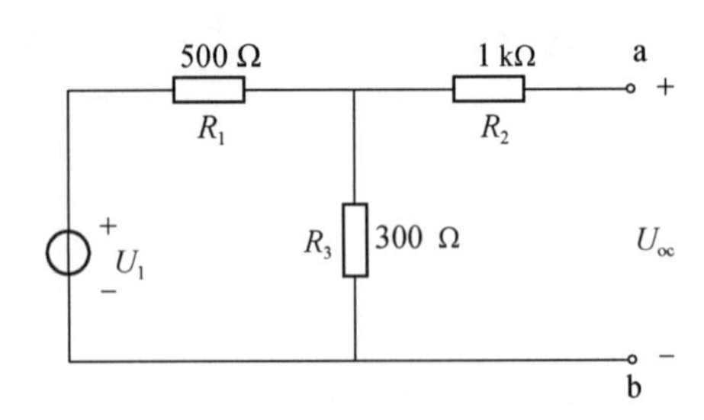

图 4　ab 端口开路的电路图

开路电压

$$U_{oc} = \frac{U_1}{R_1 + R_3} \times R_3 = \frac{8}{510 + 300} \times 300 = 2.96(\mathrm{V})$$

②在 ab 端口处接一负载电阻 R_L,测量负载电阻的端电压 U_{R_L},ab 端口接上负载电阻后电路图如图 5 所示。

负载电压

$$U_{R_L} = \frac{U_1}{R_1 + [R_3//(R_2 + R_L)]} \times \frac{R_3}{R_3 + (R_2 + R_L)} \times R_L = 0.43\ \mathrm{V}$$

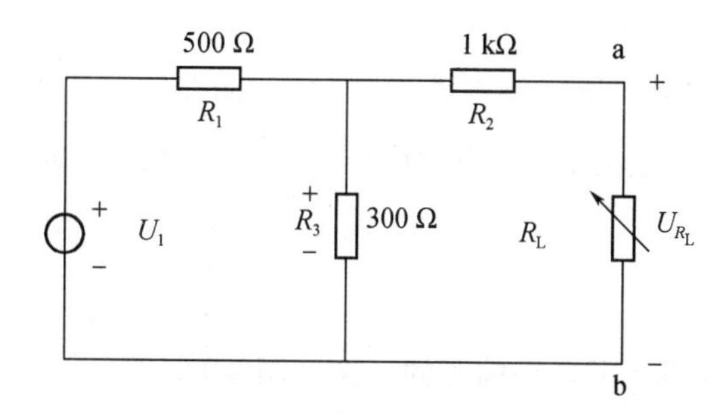

图5　ab端口接上负载电阻后的电路图

③根据 $U_{R_L}=\dfrac{U_{oc}}{R_i+R_L}\times R_L$，计算等效电阻 R_i

$$R_i=\left(\frac{U_{oc}}{U_{R_L}}-1\right)\times R_L$$

得 $R_i=1\ 176.74\ \Omega$。

二、实验部分

(一)实验仪器

(1)模拟电子技术实验箱1台。

(2)直流稳压电源1台。

(3)数字万用表1块。

(二)实验数据记录、处理及分析

1.叠加定理的验证

(1)实验数据记录及处理，见表1。

表1　验证叠加定理

作用	U_{R_1}/V			U_{R_2}/V			U_{R_3}/V		
	测量值	计算值	相对误差	测量值	计算值	相对误差	测量值	计算值	相对误差
U_1、U_2 同时作用	5.05	5.03	0.40%	−0.06	−0.03	−100%	2.95	2.97	−0.67%
U_1 单独作用	5.54	5.51	0.54%	2.48	2.49	−0.40%	2.48	2.49	−0.40%
U_2 单独作用	−0.47	−0.48	2.08%	−2.54	−2.52	−0.79%	0.47	0.48	−2.13%

(2)误差分析。

对记录下来的实验资料进行整理及处理(包括曲线绘制);对实验资料进行理论分析(包括理论计算、对实验测试数值与理论计算值进行误差分析、找出实验产生误差的原因等)。

(3)得出实验结论。

2. 戴维南定理的验证(不含受控源的一端口网络)

(1)实验数据记录及处理,见表 2。

表 2　验证戴维南定理

测量项目	计算值	测量值	相对误差
U_{oc}	2.96 V	2.98 V	0.68%
U_{R_L}	0.43 V	0.42 V	-2.33%
R_i	1 176.74 Ω	1 219.05 Ω	3.60%

(2)误差分析。

(3)得出实验结论。

(三)实验小结

(1)实验中出现的问题及其解决方法。

(2)实验思考题回答。

(3)实验方法的改进。

附录 2　设计性实验报告格式

××大学实验报告

××年×月×日

课程名称：电路分析基础实验　　实验名称：一阶网络的响应特性的研究

班级：________姓名：________同组人：________

指导老师评定：________________签名：________

一、预习部分

（一）实验目的

（1）研究一阶 RC 电路的零状态响应和零输入响应的基本规律和特点。

（2）理解时间常数 τ 对响应波形的影响。

（3）掌握有关积分电路和微分电路的概念。

（二）设计任务

（1）设计一个 RC 充、放电电路，输入信号为恒定电压 $U_s = 5$ V，要求时间常数 τ 为 0.4~1 s，用示波器观察电容电压 U_C 变化规律，分别记录零状态响应和零输入响应的波形。根据实验曲线的结果，说明电容充放电时电压变化的规律及电路参数对波形的影响。

（2）设计一个由 $V_{pp} = 6$ V，$f = 1$ kHz 的方波信号激励的积分微分电路，要求积分电路的时间常数 $\tau \geqslant 10T$（T 为方波信号的周期），微分电路的时间常数 $\tau \leqslant \frac{T}{10}$，分别记录 $U_R(t)$、$U_C(t)$ 的波形。当 f 和 C 保持不变时，改变 R 值（选择 3 组不同的 R 值），观察波形的变化情况，说明时间常数对波形的影响。

（三）电路设计

（1）设计 RC 充、放电电路。

如图 1 所示电路，输入信号为恒定电压 U_s，当 $t=0$ 时，开关 K 转向 1 位置，此时一阶电路的动态元件电容 C 初始储能为 0，由施加于电路的输入信号产生的响应为一阶 RC 电路零状态响应。电容电压 u_C 是随时间按指数规律上升的，如图 2 所示。上升的速度取决于电路中的时间常数，当 $t=\tau$ 时，$u_C=0.632U_s$；当 $t=5\tau$ 时，$u_C=0.993U_s$（图中省略），一般认为这种情况下 u_C 的值已等于 U_s 的值。

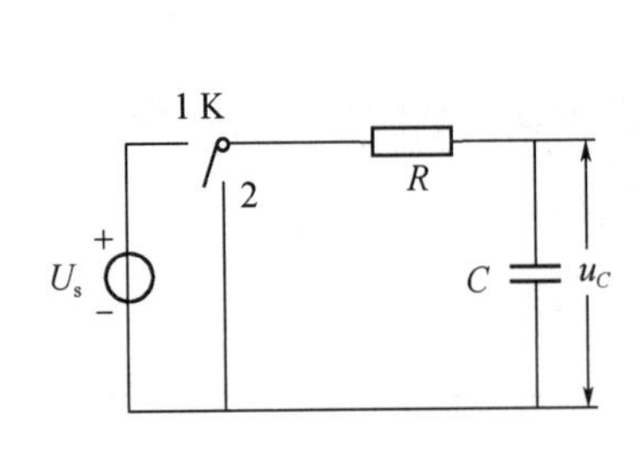

图 1　一阶 RC 电路

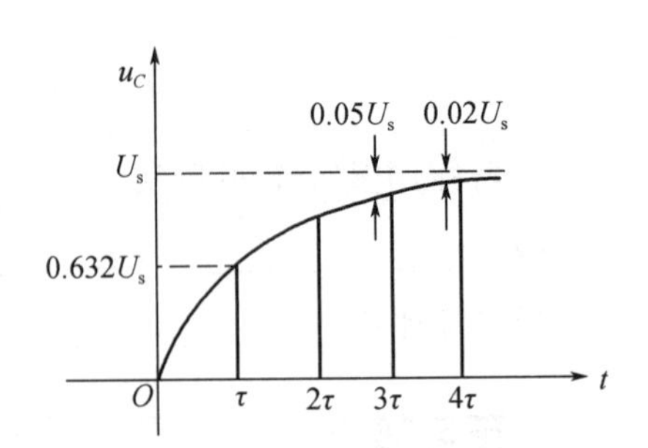

图 2　一阶 RC 零状态响应电路响应曲线

当开关 K 由 1 位置转向 2 位置时，电路没有输入信号激励，由电路中的动态元件的初始储能产生的响应称为零输入响应。一阶 RC 零输入响应电路响应曲线如图 3 所示，电容电压初始值为 U_0。电容电压 u_C 是随时间按指数规律衰减的。由计算可知，当 $t=\tau$ 时，$u_C=0.368U_0$；当 $t=5\tau$ 时，$u_C=0.007U_0$（图中省略），一般认为这种情况下 u_C 的值已衰减到 0。

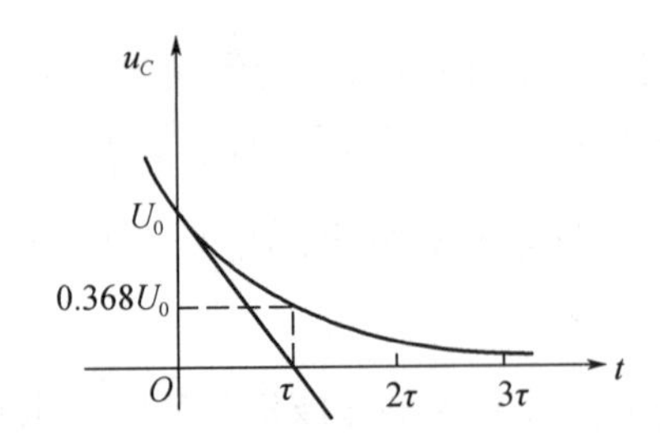

图 3　一阶 RC 零输入响应电响应曲线

根据设计要求，输入信号为恒定电压 $U_s=5$ V，时间常数 τ 为 0.4~1 s，因为时间常数 τ 的大小取决于电路中电阻 R 和电容 C 的大小，即 $\tau=RC$，所以选择电阻 $R=20\ \text{k}\Omega$，$C=47\ \mu\text{F}$，即 $\tau=0.96$ s。

(2)设计微分电路。

一个简单的 RC 串联电路,在方波序列脉冲的重复激励下,当满足 $\tau=RC\ll T/2$(T 为方波脉冲的周期),且由 R 两端作为响应时,就构成了一个微分电路,如图 4(a)所示。

$$U_R(t)=R*i(t)=RC\frac{\mathrm{d}U_C(t)}{\mathrm{d}t}\approx RC\frac{\mathrm{d}U_s(t)}{\mathrm{d}t}$$

电路的输出信号电压与输入信号电压的微分成正比,其输入、输出波形如图 4(b)所示。

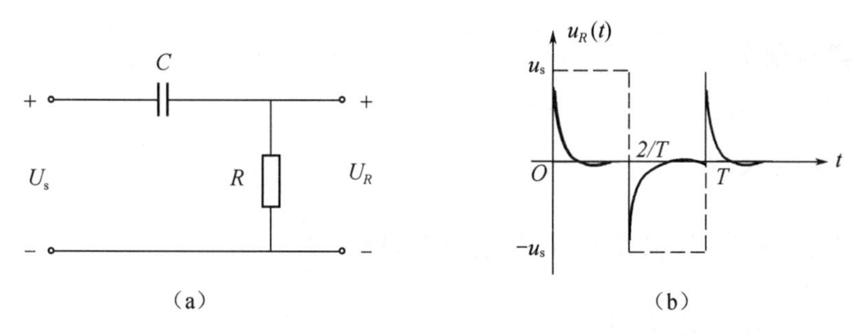

图 4 微分电路及其输入、输出波形

要求微分电路的时间常数 $\tau\leqslant\frac{T}{10}$,因为 $T=1$ ms,所以 $\tau\leqslant0.1$ ms。

选取 3 组参数设计:

①$\tau=0.1$ ms,$R=10$ kΩ,$C=0.01$ μF。

②$\tau=0.051$ ms,$R=5.1$ kΩ,$C=0.01$ μF。

③$\tau=0.01$ ms,$R=1$ kΩ,$C=0.01$ μF。

(3)设计积分电路。

若将微分电路中的 R 与 C 对调,即由 C 端作为响应,且当电路参数满足 $\tau=RC\gg T/2$ 时,就构成了积分电路,如图 5(a)所示。

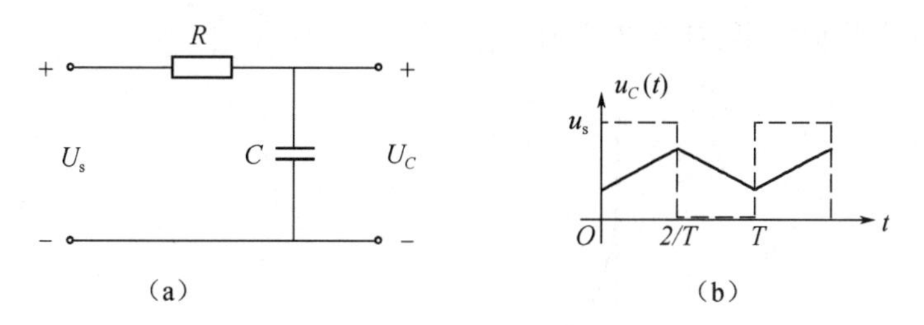

图 5 积分电路及其输入、输出波形

$$U_C(t)=\frac{1}{C}\int i(t)\,\mathrm{d}t\approx\frac{1}{RC}\int U_s(t)\,\mathrm{d}t$$

电路的输出信号电压与输入信号电压的积分成正比,其输入输出波形如图 5(b)所示。

要求积分电路的时间常数 $\tau \geqslant 10T$,因为 $T=1$ ms,所以 $\tau \geqslant 10$ ms。

选取 3 组参数设计:

①$\tau=10$ ms,$R=1$ kΩ,$C=10$ μF。

②$\tau=100$ ms,$R=10$ kΩ,$C=10$ μF。

③$\tau=1\ 000$ ms,$R=100$ kΩ,$C=10$ μF。

二、实验部分

(一)实验仪器

直流稳压电源、信号源、数字示波器及实验板。

(二)测试数据及分析

(1)零状态响应波形,如图 6 所示。

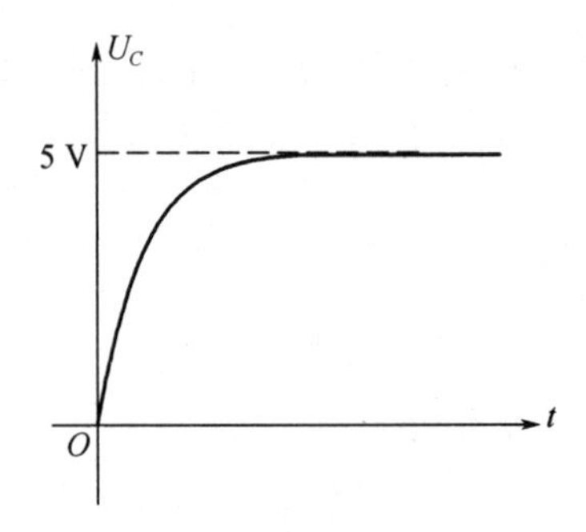

图 6　零状态响应波形

(2)零输入响应波形,如图 7 所示。

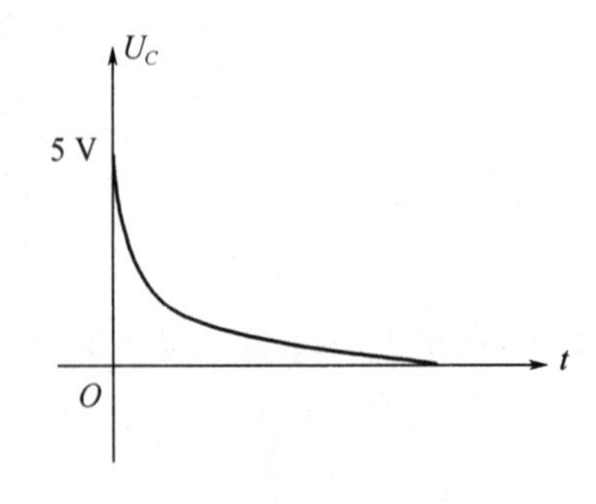

图 7　零输入响应波形

分析：

在充电的过程中，电容电压 u_C 随时间按指数规律上升，上升的速度取决于电路中的时间常数，即 R 或 C 的参数越大，时间常数也越大，电容充电的时间也越长，当 $t=5\tau$ 时，$u_C=0.993U_s$，一般认为这种情况下 u_C 的值已达到 5 V。

在放电的过程中，电容电压初始值为 $U_0=5$ V，电容电压随时间按指数规律下降，下降的速度取决于电路中的时间常数，即 R 或 C 的参数越大，时间常数也越大，电容放电的时间也越长。当 $t=5\tau$ 时，$u_C=0.007U_0$，一般认为这种情况下 u_C 的值已衰减到 0。

(3) 微分电路输出波形，如图 8 所示。

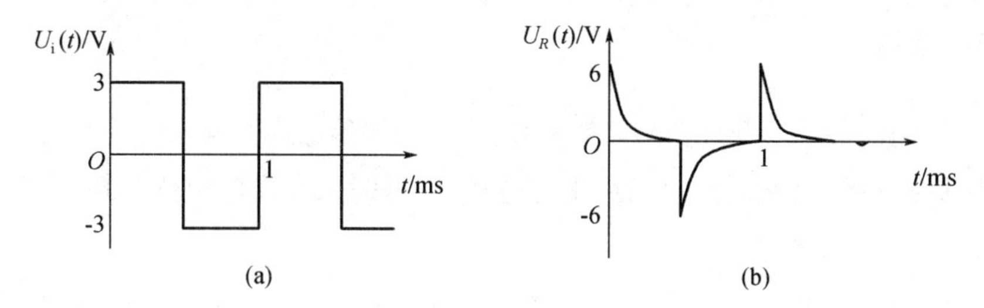

图 8　微分电路输出波形

分析：

(1) 在 $t=0$ 时，因电容电压不能突变（来不及充电，相当于短路，$U_C=0$），输入电压 U_s 全部作用在电阻 R 上，即 $U_R=6$ V。随后（$t>0$），电容 C 的电压按指数规律上升，输出电压随之按指数规律下降（因 $U_R=U_s-U_C$），经过约 3τ（$\tau=RC$），$U_C=6$ V，$U_R=0$，τ 的值越小，此过程越快，输出正脉冲越窄。

(2) $t=T/2$ 时，U_s 由 6 V 变为 0，相当于输入端短路，电容原先充有左正右负的电压 6 V，开始按指数规律经电阻 R 放电。刚开始，电容 C 来不及放电，它的左端（正电）接地，所以 $U_R=-6$ V；之后输出电压按指数规律下降，同样经过约 3τ 后，放电完毕，输出一个负脉冲。

(3) 积分电路输出波形，如图 9 所示。

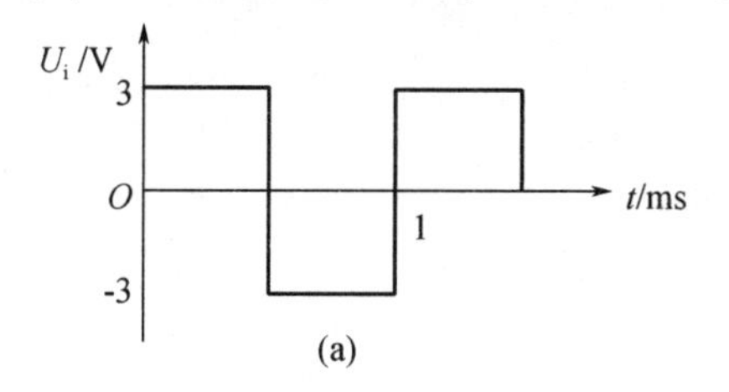

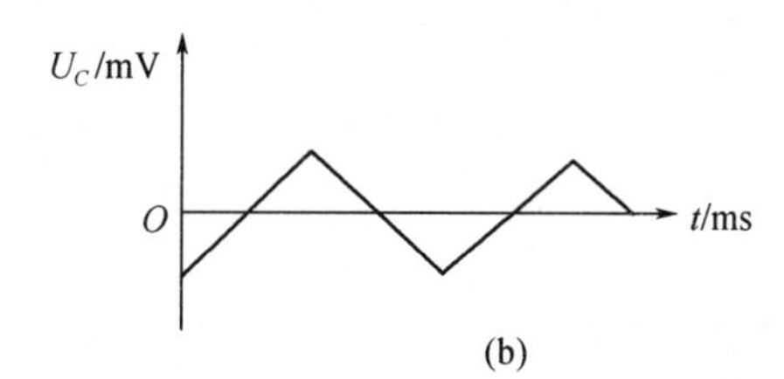

图 9

①$t=0$,U_s 由 0 变为 6 V,因电容上电压不能突变,$U_C=0$。

②$0<t<T/2$,电容开始充电,U_C 按指数规律上升,由于 $\tau \geqslant 10T$,电容充电非常缓慢,U_C 上升很小,$U_C \ll U_R$。

③$t=T/2$ 时,U_s 由 6 V 变为 0,相当于输入端短路,电容原先充有左正右负电压,经 R 缓慢放电,U_C 按指数规律下降。这样,输出信号就是锯齿波,近似为三角形波。

在方波到来期间,电容只是缓慢充电,U_s 还未上升到 6 V 时,方波就已消失,电容开始放电,而且 τ 越大,锯齿波越接近三角波。输出波形是对输入波形进行积分运算的结果。

(三)结论

(1)一阶电路的动态元件初始储能为 0 时,由施加于电路的输入信号产生的响应称为零状态响应电路,即 RC 充电电路,电容电压 u_C 随时间按指数规律上升,上升的速度取决于电路中的时间常数。

(2)一阶电路在没有输入信号激励时,由电路中的动态元件的初始储能产生的响应称为零输入响应,即 RC 放电电路,电容电压 u_C 随时间按指数规律下降,下降的速度取决于电路中的时间常数。

(3)微分电路和积分电路是一阶 RC 电路中较典型的电路,它对电路元件参数和输入信号的周期有所要求。

(4)在方波序列脉冲的重复激励下,当满足 $\tau=RC \ll T/2$(T 为方波脉冲的周期),且由 R 两端作为响应时,就构成了一个微分电路。电路的输出信号电压与输入信号电压的微分成正比,且时间常数 τ 越小,输出信号的脉冲越窄。

(5)若将微分电路中的 R 与 C 对调,即由 C 端作为响应,且当电路参数的选择满足 $\tau=RC \gg T/2$ 时,就构成积分电路。电路的输出信号电压与输入信号电压的积分成正比,且时间常数 τ 越大,输出信号锯齿波越接近三角波,信号的峰峰值也越大。

附录3　元 件 清 单

表1　元件清单(a)

序号	名称	规格	数量
1	电阻	1 MΩ,1/2 W	2
2	电阻	200 kΩ,1/2 W	1
3	电阻	100 kΩ,1/2 W	2
4	电阻	51 kΩ,1/2 W	1
5	电阻	20 kΩ,1/2 W	2
6	电阻	30 kΩ,1/2 W	2
7	电阻	36 kΩ,1/2 W	1
8	电阻	10 kΩ,1/2 W	4
9	电阻	5. 1 kΩ,1/2 W	2
10	电阻	4. 3 kΩ,1/2 W	1
11	电阻	3 kΩ,1/2 W	1
12	电阻	2 kΩ,1/2 W	3
13	电阻	1 kΩ,1/2 W	6
14	电阻	820 Ω,1/2 W	1
15	电阻	510 Ω,1/2 W	1
16	电阻	390 Ω,1/2 W	1
17	电阻	200 Ω,1/2 W	2
18	电阻	100 Ω,1/2 W	1
19	电阻	51 Ω,1/2 W	1
20	电阻	10 Ω,1/2 W	2
21	电位器	100 kΩ,1/2 W	2
22	电位器	10 kΩ,1/2 W	2
23	电位器	1 kΩ,1/2 W	1
24	电位器	47 kΩ,1/2 W	2
25	电容	0. 47 μF	2
26	电容	0. 33 μF	1

续表 1

序号	名称	规格	数量
27	电容	0. 22 μF	2
28	电容	0. 1 μF	2
29	电容	0. 01 μF	2
30	电容	0. 022 μF	2
31	电容	10 pF	1
32	电解电容	1 μF/25 V	1
33	电解电容	2. 2 μF/25 V	1
34	电解电容	100 μF/25 V	1
35	电解电容	47 μF/25 V	2
36	电解电容	4. 7 μF/25 V	1
37	电解电容	10 μF/25 V	2
38	电感	8. 2 mH	1
39	二极管	IN4148	4
40	二极管	IN60	2
41	稳压二极管	6 V	4
42	三极管	3DG6B	3
43	桥堆	W08	3
44	芯片插座	14P	12
45	芯片插座	16P	4

表 2　元件清单(b)

序号	名称	规格	数量
1	电阻	2 kΩ	6
2	电阻	1 MΩ	1
3	电阻	1 kΩ	3
4	电阻	200 kΩ	1
5	电阻	100 kΩ	5
6	电阻	10 kΩ	5
7	电阻	20 kΩ	3
8	电阻	2. 7 kΩ	1
9	电阻	51 kΩ	2

续表

序号	名称	规格	数量
10	电阻	10 Ω	1
11	电阻	24 Ω	1
12	电阻	51 Ω	1
13	电阻	100 Ω	1
14	电阻	120 Ω	1
15	电阻	200 Ω	1
16	电阻	240 Ω	1
17	电阻	390 Ω	1
18	电阻	470 Ω	1
19	电阻	510 Ω	1
20	电阻	680 Ω	1
21	电阻	820 Ω	1
22	电阻	910 Ω	1
23	电阻	5.1 kΩ	1
24	电容	0.022 μF	3
25	电容	0.01 μF	2
26	电容	0.47 μF	1
27	电容	0.33 μF	1
28	电容	0.22 μF	2
29	电解电容	47 μF/25 V	2
30	电解电容	10 μF/25 V	1
31	二极管	IN4148	6
32	稳压二极管	IN4735A	4
33	电位器	10 kΩ	2
34	电位器	47 kΩ	2
35	电位器	100 kΩ	1

参考文献

[1]邱关源,罗先觉. 电路[M]. 5 版. 北京:高等教育出版社,2006.
[2]陶秋香,杨焱,叶蓁,等. 电路分析实验教程[M]. 2 版. 北京:人民邮电出版社,2016.
[3]刘晓文,陈桂真,薛雪. 电路实验[M]. 3 版. 北京:机械工业出版社,2021.
[4]王超红,高德欣,王思民. 电路分析实验[M]. 北京:机械工业出版社,2015.
[5]陶秋香,涂继亮,刘清平. 模拟电子线路实验教程[M]. 合肥:合肥工业大学出版社,2022.